人工智能
范式革命与通用理论

钟义信　何华灿　汪培庄
石　勇　曲　艺　王语农　著

科学出版社
北　京

内 容 简 介

本书站在科学研究制高点——范式（即科学观与方法论）——的立场上揭示了人工智能的深层学术本质，并通过范式革命（以信息学科范式取代物质学科范式）构筑了全新的人工智能研究模型，发现了普适性智能生成机制，开辟了基于智能生成机制的人工智能统一研究路径，创建了机制主义通用人工智能理论以及与之和谐适配的泛逻辑理论和因素空间数学理论，形成了信息学科范式引领的"人工智能-逻辑-数学"三位一体的理论体系，超越了那些未经范式革命的人工智能理论。

本书可作为智能与信息领域的大专院校师生的教学研究用书、研究院所和企业创新研究人员研修人工智能的参考书，以及各类事业单位管理人员、公务人员和社会公众学习人工智能的参考资料。

图书在版编目（CIP）数据

人工智能：范式革命与通用理论 / 钟义信等著. -- 北京：科学出版社, 2025. 6. -- ISBN 978-7-03-082061-7

Ⅰ. TP18

中国国家版本馆CIP数据核字第2025D0D283号

责任编辑：姚庆爽　赵微微 / 责任校对：崔向琳
责任印制：赵　博 / 封面设计：无极书装

斜 学 出 版 社 出版
北京东黄城根北街 16 号
邮政编码：100717
http://www.sciencep.com
固安县铭成印刷有限公司印刷
科学出版社发行　各地新华书店经销

*

2025 年 6 月第　一　版　开本：720 × 1000 1/16
2025 年 9 月第二次印刷　印张：8 3/4
字数：176 000

定价：98.00 元
（如有印装质量问题，我社负责调换）

前　言

宇宙的起源、生命的突现、智能的奥秘，是现代科学研究一直高度关注的基础领域，也是科学技术长期面临的重大挑战，意义深远。

宇宙是如何起源的？这一研究关系到人类生存发展的宏观环境，是物理学研究的焦点。哥白尼、伽利略、牛顿、爱因斯坦、玻尔、薛定谔、霍金等一大批科学家对此做出了重大的贡献。不过，目前这一研究领域仍然存有许多巨大的未解之谜。

生命是怎样突现的？这一研究关系到人类自身的演化机制：人类从何而来？这是人类学和生命科学的重大课题。研究工作取得了重大的进步，达尔文、赫胥黎、拉马克、孟德尔、克里克等学者对此做出了杰出的贡献，但是依然留下许多悬案。

智能是怎样生成的？这一研究涉及人类自身的智慧奥秘：人类将向何处去？这是智能科学、认知科学、信息科学、人工智能领域的核心课题。图灵、麦卡锡、明斯基、纽维尔、赛蒙、费根鲍姆、麦卡洛、霍普菲尔德、辛顿等人为此贡献了宝贵智慧，但是同样存在许多神秘疑云。

近半个世纪以来，在三大课题之间，社会对智能的研究给予了更多的关注。这在很大程度上是由于 20 世纪中叶受到第二次世界大战需求的刺激，信息科学与技术得到了迅猛发展，为人工智能的发展提供了很好的技术基础。于是，"人工智能"便从人们情随物至的浪漫遐想变为了学界庄重严谨的科学研究对象，并在技术上实现了快速的更新换代。

不过，颇为发人深省的是，近些年来，特别是 1997 年国际商业机器公司（International Business Machines Corporation, IBM 公司）的 Deeper Blue 系统战胜了当时的国际象棋世界冠军卡斯帕罗夫和 2016 年 Deep Mind 的 AlphaGo 先后战胜了李世乭等 60 多位围棋世界顶尖高手之后，人们对人工智能的热情相思转变成了"既盼又恐"的复杂情感。对人工智能寄予希望的人认为：人工智能机器是人类自己研究成功的产物，自当为人类造福，怎么可能为害？怀有恐惧心理的人却说：人工智能机器的能力越来越强，总有一天会全面超过人类，按照优胜劣汰的法则，人工智能机器必然淘汰人类。他们之中甚至有人推测出 2045 年就是人工智能机器全面超越人类的"奇点"！

面对人工智能所取得的这些令人眼花缭乱的进展，面对人们对于人类前途与命运的深切忧虑，一系列严肃的问题摆在了科技工作者的面前：应当怎样看待人工智能这些年的发展？应当怎样理解人工智能的科学本质？应当怎样把握人工智能与人类智能之间的关系？特别是，人工智能基础理论的突破和创新，究竟路在何方？

作为人工智能领域资深的研究团队，我们有责任发表自己的看法供世人参考。为此，显然需要一本专门的小册子来阐述我们的见解。

本书将在前言部分概述我们的基本观点，随后在正文进行更为深入的展开。

我们认为，一方面，进入 21 世纪以来，人工智能的研究在技术上取得了显著的进步。大数据、云计算、云存储、互联网、物联网等信息技术的进步，大大改善了人工智能所需要的实现技术，使人工智能技术能够从 20 世纪的"专家系统"转变到"神经网络"的轨道，并且创造了深层神经网络、深度学习、强化学习等新技术，形成了 AlphaGo 系列和 GPT(generative pre-trained transformer，生成式预训练)系列的人工智能产品。这些技术上的进步，值得给予充分的肯定。

另一方面，半个多世纪以来人工智能研究所实现的上述进步，基本上都是在工程技术范畴内取得的成果。可是，作为在"人类智能"启发下模拟人类智能的科学课题，人工智能的研究涉及人类思维的深层奥秘，涉及人类主观世界和人类社会的深层规律。这些深层的本质问题成为人工智能研究的实质"要害"。显然，这些深层的问题都远远超出了"自然科学工程技术"的范畴，属于哲学研究领域关注的课题。如果人工智能的研究仅仅局限在自然科学与工程技术的范畴，忽视了哲学思想——特别是科学观和方法论(统称范式)——的指导，那么这种研究肯定会失去正确的引领，会迷失方向，甚至走上盲目发展的道路。

遗憾的是，我们发现，缺乏深入的基础理论研究恰恰是历来人工智能研究存在的重大缺陷。事实上，人们研发了许许多多的技术方案，却很少关注以下这些实质性问题。

(1)新兴的人工智能研究和传统的物质学科研究有什么质的区别？

(2)人工智能研究应当遵循的科学观是什么？还是"机械唯物观"吗？

(3)它应当遵循的科学方法论又是什么？还是"分而治之"和"形式化"吗？

(4)反映人工智能科学本质的全局模型应当是什么？还是"人工脑的物质结构"吗？

(5)研究人工智能的正确途径是什么？为什么人工智能至今没有统一理论和通用系统？

(6)人工智能的研究和计算机的研究有什么本质的不同？智能就是计算吗？

(7)人工智能和自动化系统有什么本质区别？智能就是自动工作吗？

(8)舍弃了内容因素和价值因素的形式化信息理论能够支持人工智能的研究吗？

(9)GPT系列实现了结构主义与功能主义的有机统一吗？

(10)基于形式化、空心化信息的GPT系列真有理解能力吗？

(11)没有理解能力的人工智能系统是真正的智能系统吗？

(12)现有刚性的形式逻辑理论能够支持人工智能的研究吗？

(13)现有的概率论、模糊集合理论、粗糙集理论等能够充分描述人工智能的研究吗？

显而易见，所有这些问题的解答都要叩问人们的基本理念，尤其要触及研究者所持的范式立场。任何学科的研究都不可能离开范式的指导。

本书站在范式高度探寻智能的深层奥秘，阐述对上述问题的认识。具体来说，本书注意到人工智能研究的范式发生了张冠李戴的问题，因此将秉持**人工智能领域的范式革命**这一全新的学术理念，从人工智能的生成机制、人工智能的逻辑理论和人工智能的数学基础这三个相辅相成的层次展开分析和论述，并为建立智能科学理论体系奠定坚实的基础。

本书确信，**只有自觉打破自然科学与哲学之间的藩篱，才能发现和认识人工智能范式革命的深刻意义；只有经过范式的革命，人工智能的研究才能走上健康发展的正轨，通用人工智能的基础理论才能建立起来**。而且，只有按照"普适的智能生成机制"、运用"泛逻辑理论"和"因素空间理论"，通用人工智能基础理论才能真正实现。因此，**是否抓住并实施了人工智能的范式革命，将成为人工智能新旧两种研究范式的"分水岭"**。

这些便是本书奉献给读者和研究同行的肺腑之言。

最后，我们将遵守"大道至简"的原则：为了让更多的读者更好地理解和接受本书阐述的理论，我们尽量避免生涩繁难的数学推演，而采用简明的语言和表达式来叙述。但是，语言和表达式的简明不等于思想的浅薄。试看牛顿第二运动定律的表达式 $f = ma$ 和爱因斯坦的质能转换表达式 $E = mC^2$，它们是何其简单，但是其中所蕴含的物理意义又何其深刻！本书也有一些看似简单的表达式，如 $P = \text{Int}(V, M)$，$Y = \lambda(X, Z)$ 等，读者不妨思索和品味一下它们都有怎样深邃的学术含义。我们希望，读者在阅读本书的时候，不要仅仅停留于文字的字面意义，而要深入品味和反复体察它们的深刻含义。

本书共4章。第1章阐述人工智能的范式革命及其产物——机制主义通用人工智能基础理论；第2章阐述机制主义通用人工智能基础理论的逻辑基础——泛逻辑理论；第3章阐述机制主义通用人工智能基础理论的数学基础——因素空间理论，它们形成机制主义通用人工智能基础理论的完整体系，是人工智能理论研究的首创性成果；第 4 章是简明的总结。

本书的前言和第 1 章由钟义信撰写，第 2 章由何华灿撰写，第 3 章由汪培庄撰写，第 4 章由钟义信、何华灿、汪培庄、石勇集体讨论和撰写。石勇参与了前三章的讨论。曲艺和王语农参与了各章内容的讨论和全书写作的协调工作。

衷心感谢审稿人的评述意见和科学出版社的热心支持，深切感谢国家自然科学基金重点项目(71932008、72231010)的资助。

人工智能发展日新月异，加之作者水平有限，书中难免存在不妥之处，敬请广大读者批评指正。

目　　录

第1章 智能领域的范式革命

1.1 基础概念新释

在讨论人工智能问题的时候，不同的人对于人工智能概念的理解可能各不相同，因此经常出现"鸡同鸭讲"的尴尬情形。即使在人工智能领域的专家之间，由于其专业背景不同，也难免出现上述情形。为了准确阐述人工智能的问题，首先需要澄清若干相关的基础概念。

需要注意的是，人工智能不是一个孤立的概念，它是人类智能的人工实现；而人类智能又与人类智力、人类智慧的概念紧密联系在一起。在日常的学术交流活动中，经常发现人们会把"智能"与"智慧"的概念相互混淆，从而引出许多关于人工智能的误解。最常见也是最糟糕的误解是，把人工智能混同于人工智慧。因此，为了考察人工智能的概念，必须从考察人类智力、人类智慧、人类智能的概念和关系着手。

1.1.1 人类智力

人类智力是与人类的体质和人类的体力相对应的概念，它们的有机合作构成人类的整体能力。人类的体质和体力是人类整体能力的基础能力，人类的智力是人类整体能力的驾驭能力。可以认为，如果没有智力，人类就难以在复杂的环境中生存，更不要说发展了。

具体来说，**人类智力是"人类为了实现生存与发展的目的而不断运用知识去探索未来、发现问题、定义问题、预设目标、关联知识、制定解决问题的工作框架，据此去解决问题、改善现实、实现目标，并从中提升自己和优化目的"的能力**（钟义信，2023）。

"解决问题的工作框架"包含三项内容：定义的问题、预设的目标、关联的知识。

1.1.2 人类智慧

人类智慧是人类智力的一个有机组成部分。具体来说就是：人类为了实现生存与发展的目的而不断运用知识去探索未来、发现问题、定义问题、预设目

标、关联知识、制定解决问题的工作框架的能力(钟义信，2023)。

可见，人类智慧与"人类目的"紧密相关。没有"目的"，就无所谓"发现问题"，更谈不上有"发现有利于实现目的的问题"的能力，也就不会有"智慧"。遗憾的是，有些人却在宣传"人工智能会产生智慧"，从而产生全面超人的能力。只要认真注意上面阐述的概念就知道，人工智能没有生命，没有目的，不可能产生"有目的地发现问题"的智慧。

1.1.3　人类智能

人类智能也是人类智力的一个有机组成部分。具体来说就是：根据人类智慧提供的工作框架(问题-目标-知识)，在目标引导下、在知识的约束下去解决问题、改善现实、实现目标，并从中提升自己和优化目的的能力(钟义信，2023)。

人类智能是与人类智慧相互联系、相互作用、相互促进的人类能力成分。人类智慧为人类智能解决问题提供工作框架，人类智能则根据人类智慧提供的工作框架去具体解决问题，并促进人类智慧对问题有更深刻的理解。

1.1.4　人工智能

人工智能是在人造机器上实现的人类智能，具有根据人类智慧给定的工作框架，在目标引导下和在知识的约束下去解决问题、达到目标、改善现实的能力(钟义信，2023)。

可见，人工智能是人造机器所实现的人类智能，其任务是在人类智慧给定的工作框架内代替人类智能去解决问题。

按照以上的理解，可以把人类智力、人类智慧、人类智能的关系表达为图1.1(a)所示的模型，它表明：人类主体在与环境客体相互作用(即客体信息作用于人类主体，人类主体产生智能行为反作用于环境客体)的过程，就是不断地根据"**人类智慧**"提出的问题、预设的目标和提供的知识由"**人类智能**"去解决问题、改善现实和达到目标的过程。

有了以上的概念和模型，人工智能的概念和模型的提出就水到渠成了，见图 1.1(b)。**人工智能就是人造机器所实现的人类智能，是人类智能的机器代理。**

图 1.1 表明，人工智能系统是一类开放的、复杂的信息系统，可以根据工作框架，通过与环境客体之间的相互联系、相互作用、相互协调来解决人类智慧给定的问题。

更具体地说，**根据人类智慧所发现的"问题"(来自外部环境的"客体信**

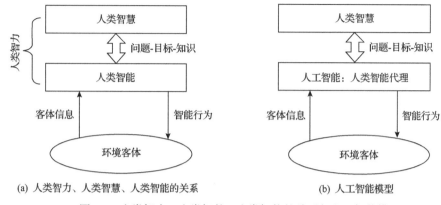

(a) 人类智力、人类智慧、人类智能的关系　　　　(b) 人工智能模型

图 1.1　人类智力、人类智慧、人类智能的关系与人工智能模型

息”)、所预设的问题求解目标、所提供的相关知识, 人工智能的任务就是在目标的引导下、在知识的约束下, 通过对"客体信息"进行复杂的加工转换和演化(即主客相互作用), 生成智能行为反作用于客体, 解决给定的问题, 达到预设的目标(钟义信, 2023)。

这个模型十分简明。是的, 真正揭示事物深层本质的模型都会显得简明, 因为它们不需要通过各种"打补丁"的办法去应付那些由于考虑不周而需要修补的漏洞。

但是, 这样简明的模型却蕴含了人类智能和人工智能所具有的极其深刻的涵义, 可以科学合理地回答关于人工智能的许多重大问题。例如, 什么是人工智能的本质? 为什么人工智能在具体的工作性能(速度、精度、耐度等)上必须远远超越人类? 为什么人工智能在整体能力(特别是创新能力)上不可能超越人类? 人工智能与人类之间的关系是什么? 怎样理解人工智能研究中的伦理问题? ……都可以从看似如此简单的模型中得到深刻的启迪。所以, 看似简明而含义深刻的模型, 是科学地研究人工智能的根本前提。相反, 如果像以往那样把人工智能的模型看成是孤立而中性的"人工脑", 就会错误百出。

1.2　科学规律新探

要想真正理解人工智能研究的深层本质, 最好的方法是深入考察科学研究母体的来龙去脉。然而, 科学技术发展的历史极其漫长而复杂。因此, 这里的科学考察只聚焦于科学技术发展若干重要规律的探析, 以期从中揭示: 科学技术能够做什么? 不能做什么? 不应做什么? 进而获得启示: 人工智能能够做什么？不能做什么？不应做什么？

1.2.1　科学技术：为何发生（起点）？怎样发展（路径）？如何定位（归宿）？

众所周知，原始的人类一直是赤手空拳地与大自然周旋，与其他物种竞争，从中争取生存与发展的机会。**那时，世上既没有科学，也没有技术。**后来，人类在进化发展过程中越来越感受到，仅凭自身的能力已经不足以应对生存与发展所面临的挑战。于是，人类逐渐在实践中摸索出一个实现生存与发展的新途径：**借助外界的资源，制造适当的工具，扩展自身的能力。**对外部资源性质的了解和制造工具的道理就慢慢发展成为科学，加工资源和制作工具的操作工艺就逐渐发展成为技术。

这就揭示了"**科学技术发展的第一定律：辅人律**"。科学与技术之所以会发生，完全是为了满足"辅助人类扩展自身能力"这一社会需求（钟义信，2013）。

由此又进一步启示了"**科学技术发展的第二定律：拟人律**"。既然科学技术的发展是为了辅助人类扩展自身的能力，那么，科学技术的发展路线就必然要跟随人类扩展能力这一社会需求的进程，即拟人发展（钟义信，2013）。

按照辅人律和拟人律的逻辑，就导致"**科学技术发展的第三定律：共生律**"。科学技术必然以"辅人"和"拟人"的姿态与人类共生共进（钟义信，2013）。

科学技术发生发展的这三大定律深刻地阐明了科学技术的本质和科学技术的发展进程，并为理解科学技术"能够做什么，不能做什么，不应做什么"提供了原理性依据。

显然，当今耸人听闻的"人工智能（如 GPT）将全面超越人类和统治人类"的流言，违背了科学技术发展的辅人律、拟人律和在辅人拟人前提下的共生律。

1.2.2　人类能力扩展需求的演变规律

既然科学技术的发展途径是辅人和拟人，辅助人类扩展自身能力，那么，人类究竟有哪些能力需要扩展？这些需要扩展的人类能力之间又存在什么逻辑关联？

从人类生存与发展的观点分析，正常的人类具有复杂而卓越的三类基本能力，即**体质能力、体力能力、智力能力，三者形成有机的整体。体质能力和体力能力构成人类能力的全部物质基础，智力能力则成为人类能力的主导者和驾驭者**（钟义信，2014）。

无论从人类个体生长发育的过程来看，还是从人类群体进化发展的过程来看，人类三类能力是相互协调地发展起来的。不过，由于三种能力的复杂程度、抽象程度和地位作用不同，这种协调发展又呈现出鲜明的阶段特征，这就是：人类的体质能力必须最先发展起来，接着是人类体力能力的发展适时跟进，在此基础上，人类的智力能力得到长足的发展。

按照这个逻辑，人类能力的扩展需求也呈现出相应的阶段特征：**先有体质能力的扩展，接着是体力能力的扩展，最后是智力能力的扩展**(钟义信，2014)。

相互协调和阶段特性，既是人类能力扩展的重要规律，也是科学技术发展的重要规律。

关于科学技术发展走向的预测，学术界一直存在不同的观点，争论往往无休无止。但是，从人本主义的观点出发，本书给出的辅人律、拟人律和共生律却提供了十分清晰而准确的宏观答案。

1.2.3 科学技术发展的时代特征

根据科学技术发展的"辅人律、拟人律、共生律"，人类能力成长的"时序律"以及人类能力扩展的"时序律"，扩展人类能力的科学与技术发展的时代特征也清晰可见。在长达数千年的农业-工业时代，人类社会所发展的主导科学技术是扩展人类体质能力的材料科学技术和扩展人类体力能力的能量科学技术，两者统称为物质科学技术。到了 20 世纪中叶，扩展人类智能能力的信息科学技术和智能科学技术才开始迅猛发展起来。

信息科学技术与智能科学技术对于人类智能能力的扩展也已经由第 1 代"扩展人类的单一信息能力"发展到第 2 代"扩展人类的复合信息能力"，目前正在展开第 3 代"扩展人类的全部信息能力，即扩展人类的智能能力"的历史性进程。显见，**"历史性进程的智能能力"的人工智能科学技术是信息学科的高级篇章**，详情如表 1.1 所示(钟义信，2023)。

表 1.1 信息科学技术发展的时代特征

科学技术分代	信息科学技术的成员	信息科学技术涉及的对象	信息科学技术扩展的人类信息能力
第 1 代	传感	物质客体	单一信息能力：信息获取
	通信	物质客体	单一信息能力：信息传递
	计算	物质客体	单一信息能力：信息处理
	控制	物质客体	单一信息能力：信息执行
第 2 代	互联网	物质客体	复合信息能力：处理 + 传递
	物联网	物质客体	复合信息能力：获取 + 互联网 + 控制

科学技术分代	信息科学技术的成员	信息科学技术涉及的对象	信息科学技术扩展的人类信息能力
第2代	初级人工智能	物质客体	复合信息能力：获取 + 互联网 + 控制 + 简单决策
第3代	**标准人工智能**	**主体客体相互作用**	**全部信息能力：** **感知 + 认知 + 谋行 + 执行 + 优化 + 进化**

表1.1中，第1代成员大体是从20世纪中叶陆续问世，第2代成员大体是从20世纪90年代初期先后登上舞台，第3代成员则大体是从21世纪第二个十年末期开始崭露头角。

信息与智能科学技术的发展呈现了两个重要的趋势：①扩展的人类智能能力由"单一的信息能力"到"复合的信息能力"再到"全部的信息能力，也就是智能能力"；②研究涉及的对象由"单纯的物质客体"发展到"人类主体与物质客体的相互作用"。

这些趋势体现了科学技术在扩展人类智能能力方向上所发生的历史性和实质性进步。

学术界不乏有人讨论：究竟是人工智能重要？还是5G/6G通信技术重要？究竟是互联网重要？还是计算机重要？究竟"人工智能是计算机科学的分支"？还是"人工智能是计算机的提升"？诸如此类。本书给出的表1.1从"信息科学技术扩展的人类信息能力"和"信息科学技术涉及的对象"两个维度出发，首次深刻揭示了信息科学技术发展的内在规律。了解了这个规律，上述那些（或许还有更多的）争论就应当可以不言自明了。

1.2.4 范式理论（一）：范式的新定义

范式（paradigm）的概念最早由库恩提出，但存在许多疵瑕。本书重新定义了范式的概念，总结了范式的一系列重要性质，特别总结了范式在"建构期内"的重要性质，从而揭示了包括人工智能在内的新兴学科"范式张冠李戴"的必然遭遇以及"范式革命"的不可避免性。

扩展人类能力的科学研究活动是一项复杂而庞大的社会系统工程，后者自身通常由一组相互联系相互作用的系统要素构成层次清晰的内在逻辑结构，如表1.2所示。

由表1.2可以看出，这是一个"哲学与自然科学和谐合作"的研究体系，其中，研究对象、研究条件、研究主干形成研究的主体，而作为指导思想的哲学（科学观和方法论，统称为范式）则处于整个研究体系的最高层，发挥着引领

表 1.2　科学研究活动的内在逻辑(钟义信，2023)

研究活动的内在层次	层次的主要内容
最高层次(指导思想)：哲学思想	科学观、方法论(统称为**范式**)
第二层次(研究主干)：科学理论	学术理论、研究模型、研究方法
第三层次(研究条件)：基本工具	研究平台、算法工具、测试工具
最低层次(研究对象)：基本资源	问题本身、数据资源、算力资源

和规范整个研究活动的重要作用。

　　然而，不无遗憾的是，第二次世界大战以后的学术研究活动走向实用化，逐渐忽视甚至有意排除了哲学(范式)的引领作用，使人们从此不知"范式"为何物。忽视或排除"范式"的规范和引领作用的结果，似乎为自然科学的研究争取到了"独立性"，实际上却使得自然科学研究特别是像人工智能那样一些深刻的科学研究活动失去了正确的"导向性"。

　　失去导向性是很严重的问题。就以人工智能研究来说，面对这样一类复杂而深刻的对象，究竟应当怎样研究？人们莫衷一是：有的说应当模拟人脑的结构，有的说应当模拟人脑的功能，还有的说应当模拟人的行为。这种"各执一词"的情况直到现在都没有改观。以模拟人脑神经网络结构为特色的 GPT 虽然表现出一定的优势，但类脑结构的优势远远不及智能整体的优势。为了避免这种状况继续恶化，我们必须实事求是地把已经淡忘的范式"请"回来，实现科学与哲学的和谐合作，为人工智能研究开辟正确道路。

　　如上所说，表 1.2 中范式的概念和理论是美国科学哲学家托马斯·库恩最先提出的(Kuhn，1962)，他认为范式是一种对本体论、认识论和方法论的基本承诺，是科学家共同接受的一组假说、理论、准则和方法的总和。这一概念总体上是正确的，但他也常常把范式概念解释为"模式、模型、范例、案例"等概念，因此在实践中常常把范式的作用矮化为模式(计算模式、实验模式、编程模式)、范例、案例等，引起诸多误解。

　　为了继承这一概念的合理要素同时避免引起误解，这里把范式(P)明确地定义为科学观(V)与方法论(M)的有机整体，如下式所示：

$$P = \text{Int}(V, M)$$

其中，符号"Int"是"整体"的意思。

　　事实上，**只有一个学科的"科学观和方法论"才是判断和标志"这个学科**

是否需要革命"的根本准则。而模式、模型、范例、案例都是在科学观和方法论统领下的低层因素，它们当中的任何一个或几个都不可能在根本上标志"学科是否需要革命"。例如，当某个学科的科学观和方法论无法有效引领它的学科高质量发展时，这个学科就需要寻求新的科学观和方法论来引领；而由于科学观和方法论是引领学科发展的最高指南，科学观和方法论的"求新求变"就意味着这个学科需要革命。反之，如果一个学科的实验范例或数据处理的模式或者计算模型不合适，需要改进，那么就只意味着这个学科的发展需要在某些方面得到改进，而不是需要革命。

在科学研究活动的逻辑结构之中，**哲学思想是指科学观和方法论**。**科学观阐明"学科的宏观学术本质是什么"，方法论阐明"学科的研究在宏观上怎么做"；既阐明了学科"是什么"又指明了学科的研究"怎么做"，就在宏观整体上阐明了学科的科学研究应当遵循的规范化研究方式，称为范式**（钟义信，2021）。

表 1.2 所示范式和其他几个系统要素在科学研究活动中所发挥的**协同作用**可以描述如下：面对需要研究的问题，研究人员在相关**范式**的指导下，在已有**科学理论**的支持下，利用基本**研究工具**，对**研究资源**和**研究问题**进行科学的分析、加工和处理，最终形成学科的新理论。

需要注意的是，"学科的范式"是以学科为其存在前提的。这是因为，不同学科的研究对象大不相同（如物质对象、信息对象），因此，用来阐明不同学科对象科学本质的科学观以及用以研究不同学科对象的方法论也必然大不相同。

迄今的自然科学发展史只出现了两个不同的学科：一个是发端于农牧时代源远流长的物质学科；另一个是 20 世纪中叶才迅速崛起的信息学科。因此，当今时代应当存在两种学科的范式，即物质学科的范式和信息学科的范式。

1.2.5　范式理论（二）：范式建构期

作为某个学科的科学观与方法论统一体的范式，是这个学科的社会意识；而这个学科的科学研究活动，是这个学科的社会存在。学科范式是由学科的科学活动总结提炼出来的，而且，这种提炼的过程非常艰难，需要的时间非常漫长。因此，一个学科的范式的形成时间必然远远滞后于这个学科的科学研究活动的出现时间。究竟会滞后多长时间？没有定数，通常的估计是"世纪"量级。这就是一个**学科的"范式建构期"**。它体现了众所周知的一项**社会法则：社会意识远远滞后于它的社会存在**。

物质学科已有数百年的长远发展历史,因此,物质学科的范式早已稳定地存在。但是,作为新兴学科,**信息学科发展的历史只有半个多世纪,目前还没有来得及形成信息学科自身的范式:应当以什么样的科学观来阐明信息学科的宏观本质? 应当遵循什么样的方法论宏观准则来研究信息学科? 至今都还没有在学术共同体内形成普遍共识,仍然处在范式建构期之内**(钟义信,2020)。

这是"社会意识滞后于社会存在"法则所决定的现实,是不可回避也不可逾越的现实,而与研究人员的素质和意愿无关。

1.2.6 范式理论(三):建构期内范式必然"张冠李戴"

在新兴学科尚未形成本学科范式的"范式建构期"内,新兴学科的研究也不可能没有范式的指导,正像人们不能没有世界观和方法论的指导一样。没有自己学科的范式做指导,就会自觉或不自觉地借用其他学科的范式做指导,结果就导致了范式的借用,从而造成了范式的"张冠李戴"!

对于信息学科(包括它的精彩篇章人工智能)的研究活动而言,事实上就自觉不自觉地借用了物质学科的范式(因为不存在其他学科的范式),因而导致了**"用物质学科的范式指导信息学科(特别是人工智能)研究"的"范式张冠李戴"现实**(钟义信,2018)。

借来的范式毕竟不是本学科所需要的范式,它与本学科研究的性质和需求不相匹配,从而导致本学科的研究处于严重"扭曲"的亚健康发展状态。为了使本学科走出这种"亚健康"带病发展的困境,正确的做法是,应当加紧**总结和提炼本学科的范式,并以本学科的范式取代借来的范式。这就是范式的革命。**

不管人们情愿还是不情愿,也不管人们意识到了还是没有意识到,"信息学科(特别是人工智能)范式的张冠李戴"是社会法则决定了的无可回避也无可逾越的社会现实。

1.2.7 范式理论(四):范式革命的实施纲领

作为当代的新兴学科,人工智能的范式革命不可避免。

那么,怎样才能正确地实施和推进人工智能的范式革命? 经过全面调查研究和深入论证,我们系统地总结了新兴学科范式革命的普遍规律(进程和阶段),这也是新兴学科发展的普遍规律,并把它简明扼要地总结在表1.3。

表1.3显示,学科的发展需要经历两个相互联系而又相互不同的阶段:首先是自下而上的探索阶段(称为初级阶段),然后才能进入自上而下的建构阶段(称为高级阶段),这两个阶段分别与科学研究中的归纳法和演绎法相映成趣。

表 1.3　学科发展的普遍规律(钟义信，2021)

阶段进程	进程名称	进程要素	要素解释
初级阶段： 自下而上 的探索	摸索 (多方探索)	摸索试探	通过长期自下而上的多方试探、摸索与论辩，总结失败的 教训和成功的经验，最终提炼和确立学科的范式
高级阶段： 自上而下 的建构	范式 (宏观定义)	科学观	宏观上明确学科的本质"是什么"
		方法论	宏观上明确学科的研究"怎么做"
	框架 (落实定位)	学科模型	体现"学科范式"的学科全局蓝图
		研究路径	体现"学科范式"的全局研究指南
	规格 (精准定格)	学术结构	体现"学科范式"的学科结构规格
		学术基础	体现"学科范式"的学术基础特色
	理论 (完整定论)	基本概念	体现"学科范式"的学科基本概念集合
		基本原理	体现"学科范式"的学科基本原理集合

初级阶段的主要任务是，要通过各个相关学科领域的研究人员从各种不同的学术角度通过各种学术途径，展开全面而漫长的摸索、试探、纠错、争论、交流、试验、证实、证伪、总结，才能逐渐提炼出关于学科范式(学科本质是什么？应当怎样研究？)的共识。这是一个极为艰难的探索过程，常常会频繁出现各种各样"盲人摸象"式的争论。

高级阶段的主要任务是，要在初级阶段摸索得到的学科范式的引领下，通过形成学科框架(包括学科的全局研究模型和研究路径)以及学科规格(包括学科的学术结构规格和学术基础特色的规格)一步一步地把范式贯彻落实到学科的理论建构之中(包括构建学科的基本概念集合和基本原理集合)。这是一个新兴学科成长的必经之途。

对照表 1.3 所描述的新兴学科发展普遍规律可以看出，**当今，人工智能学科的研究确实仍然处在自下而上探索范式的初级阶段**。这是因为，今天的人工智能研究仍然处于结构主义的人工神经网络研究、功能主义的物理符号系统(后来演变成专家系统)研究、行为主义的感知动作系统研究三大学派鼎足而立、互不认可(类似于盲人摸象)的状态，信息学科的范式尚未在国际学术共同体内达成共识。为了实现人工智能基础理论的重大突破，首先就必须努力结束**"信息学科范式缺席，物质学科范式错位"**的初级状态。

表 1.3 的规律也清楚地表明，学科范式是引领和规范学科发展全过程的力量：在学科探索阶段，根本任务是总结出学科的范式；在学科建构阶段，主要

任务是贯彻和落实所总结出来的学科范式。所以，学科范式的引领和规范作用贯彻在学科发展的始终。

以上四节所总结的"范式理论"，可以拨开笼罩在人工智能研究上空的重重迷雾、破解认识上的诸多误解、廓清研究道路上的种种歧路迷途。不难明白，只有实施了"范式革命"的人工智能研究，才能走上人工智能研究的正道沧桑。

1.3　"人工智能全面超人说"不能成立

有了上述人工智能的准确概念和模型，人们就可以深入分析和正确回答"人工智能是否能够全面超越人类和统治人类"的问题。

首先，从人工智能的整体概念来看，"全面超人说"不能成立。

根据 1.1 节的分析，人类的智力是由人类智慧和人类智能两者相互联系、相互作用、相互促进形成的整体能力，因而可以成功地通过与外部环境相互作用不断改善人类生存与发展的水平：其中，人类智慧根据人类的目的和知识去探索未来、发现问题、定义目标和学习所需要的相关知识，人类智能则根据人类智慧提供的工作框架(问题、目标和知识)去解决问题、改善现实、实现目标。

人工智能只是人类智能在人造机器上的实现，从最简单的角度来说，人能创造机器就能毁灭机器，在源头就基本排除了"人工智能机器全面超人"的可能性。进一步地，人工智能机器虽然在工作速度、工作精度、工作持久能力和对于恶劣环境的耐受能力方面可以远远超越人类，但是由于人工智能机器是借鉴人类解决问题、改善现实、达成目标的创造能力来执行人类给定的意图，因此在解决问题的创造能力方面只能接近人类；而由于人工智能机器没有生命，没有自身的目的，因而不可能产生探索未来、发现问题、定义目标的欲望与能力，换言之，人工智能在模拟人类智慧能力方面，不可能有所作为。这样，就彻底排除了"人工智能机器全面超人"的可能性。

事实上，在千百年来的科学与技术发展的历史上，也从未发生过"由机器自主代替人类去探索人类社会的未来，由机器自主代替人类去发现人类应当解决的问题，由机器自主代替人类去预设解决问题的目标，然后由人类去具体实现"这类事件。换言之，历史上从来也没有发生过"机器实现了人类智慧"这类事件。如果有，那只能是科幻。

其次，从人工智能机器的原理来看，"全面超人"也不可能。

迄今的人工智能研究，包括结构主义的人工神经网络研究、功能主义的物理符号系统和专家系统研究、行为主义的感知动作系统研究，都遵循了物质学科的范式。这些人工智能系统按照物质学科范式科学观排除了人类的主观因素，排除了主体能动因素的介入，因而在原则上堵塞了"人工智能机器"的智能来源：没有人类主体的能动因素，智能从何而来？难道能够从既没有生命也没有目的的无机物质中产生出来？而且，迄今的人工智能研究都遵循了物质学科范式"分而治之"和"单纯形式化"的方法论，因而也就必然无可逃避地染上了"局部性（不可移植）"和"浅层性（智能水平十分低下）"的痼疾顽症。

如果人们以这种"局部性"和"浅层性"的人工智能机器去实现"全面超越人类"的目标，那将毫无疑问是异想天开。

当然，如上所说，在那些只需要形式因素而不需要价值和内容因素就能解决问题的人工智能应用场景（如模式识别与分类，包括语音识别、图形图像识别以及由此衍生出来的各种分类问题），的确感觉不到物质学科范式对它们产生的明显影响，这些场合的人工智能机器可以凭借快速计算、精确计算和持久计算的能力表现得远比人类更出色，不过，它们并没有理解能力。就像一般的计算机一样，它们计算的速度比人快，精度比人高，耐力比人强，但是计算机并不知道它们所计算的东西是什么内容，有没有价值。何况，这类"只需要形式，不要内涵，不需要理解"的智能，只是人类智能之中最初等的部分，不具备人类智能的表征性意义。

进一步，即使今后的人工智能研究遵循了信息学科的范式，"全面超人"也不可能。

图 1.1（b）是人工智能的系统模型，而且在宏观上体现了"主体客体相互作用"科学观和"信息生态"方法论，完全符合信息学科的范式。那么，信息学科范式引领和规范的人工智能研究是否就可能在能力上"全面超越人类"呢？

由于摆脱了"分而治之"的制约，信息学科范式引领和规范的人工智能至少在理论上不再被肢解为若干不同分道扬镳的途径，于是不再能够被染上"局部性"的痼疾；同时，由于摆脱了"单纯形式化"的束缚，信息学科范式引领和规范的人工智能的内涵不再被"阉割"，于是不再能够被染上"浅层性"的顽症。

然而，图 1.1（b）所示人工智能模型表明，作为人类智能代理的人工智能机器，它所模拟的是人类的智能，而不是人类的智慧。人工智能机器工作的基础和前提，即问题、目标、知识，全部都是由人类智慧提供的。因此，人工智能机器的全部工作就是在执行人类的意图。除此之外，人工智能机器没有也不可能有自己的"意图"和自己的"私活儿"。

可以这样来概括人工智能机器和人类智慧之间的工作关系：人类智慧负责提出自己的工作意图，人工智能负责贯彻和执行这个工作意图。遵循信息学科范式的人工智能机器可以非常聪明地贯彻和执行人类智慧所提出的意图，但是人工智能机器没有欲望也没有能力代替人类智慧去产生工作意图。人工智能机器是有史以来一类最为善解人意、最为得心应手的人类助手和合作伙伴，但却不具备人类智慧的基因。

可见，人工智能应当能够为人类的进步和人类社会的发展做出非同一般的贡献，但是，人工智能机器"全面超越人类和统治人类"之说确实没有科学依据。

总之，人工智能是人类智能(而不是人类智慧)在机器上的实现。**人工智能机器可以在运用知识解决问题方面不断趋近人类解决问题的创造能力**；而且人工智能机器**在工作性能方面(速度、精度、持久力、耐受力)必须能够远远超越人类的能力**，这是人们研究人工智能的基本期望和要求，也是人工智能的价值体现。但是，由于人工智能机器没有生命，没有自身的目的，不可能具有探索未来、发现问题、定义问题、预设目标的欲望能力，不可能实现人类智慧的能力。换言之，**在人类探索未来、发现问题、引领发展的创造能力方面，人工智能不可能有所作为，更不要说取代人类了**(钟义信，2023)。所以，应当准确理解人工智能的能力与特色，既不贬低，也不夸大，才是科学之道，明智之举。

1.4 人工智能：范式的张冠李戴与范式的革命

以上分析表明，人工智能不具有人类的智慧，因而不可能在探索未来发现问题的创造力方面超越人类。然而，人工智能可以具有接近于人类甚至在工作性能方面远远超过人类的智能水平，因此可以在辅助人类解决问题方面大有作为。但是，人工智能目前的发展状况却离这种期待十分遥远。人工智能作为一门新兴学科，不可避免地受到"范式张冠李戴"法则的制约。为了有效地解除这种制约，我们首先需要了解和解决人工智能的历史与现状。

1.4.1 人工智能研究的历史与现状：范式的张冠李戴

人工智能理论思考与探索的历史略显久远，实际系统的研究则发端于 20 世纪中叶。

1943 年，以 McCulloch 和 Pitts 联名发表的关于神经元数理逻辑模型的论文为标志，模拟人脑生物神经网络结构的**"结构主义"人工智能研究**便率先登上了舞台。由于人脑生物神经网络的结构非常复杂，具有 10^{10} 数量级的神经元数目，每个神经元还与 $1000\sim10000$ 个其他神经元连接，形成 10^{16} 量级的连接，远远超出当时的工艺实现能力。因此，人们不得不从少量神经元和小规模连接的简化人工神经网络模型研究开始做起。由于人工神经网络规模大大减小，网络的智能水平也大大缩水，这就使得结构主义人工神经网络研究的进展相当缓慢。

1956 年，McCarthy 和 Minsky 等十人在 Dartmouth 举行了为期近两个月的研讨会，提出了模拟人脑思维逻辑功能的**"功能主义"人工智能研究**，还首次提出以 "artificial intelligence"（简写为 AI）表征这一研究。模拟人脑逻辑功能的人工智能研究初期表现良好，能够对 Russell 和 White-Head 教程中数十个几何定理完成机器证明。Newell 和 Simon 等甚至提出了通用问题求解(general problem solver，GPS)算法。但是进一步的研究发现，任何问题的求解都需要足够的知识，而知识的定位、获取、表示、演绎都存在巨大的困难(称为"知识瓶颈")，于是便从面向"通用问题求解"的物理符号系统转向专门问题求解的"专家系统"。问题的领域缩小了，但是"知识瓶颈的问题"依然存在。

1990 年前后，Brooks 等展示了能够自由移动的爬行机器人，于是开辟了模拟生物行为的**"行为主义"人工智能**的研究。Brooks 等认为，结构主义面临结构复杂的困难，功能主义面临知识瓶颈的障碍，人工智能的研究应当转到无需知识的行为主义人工智能方向。遗憾的是，行为主义人工智能所模拟的生物行为通常都是浅层智能，面对深层的智能问题，行为主义人工智能爱莫能助。

总体来说，结构主义、功能主义、行为主义的人工智能研究分别从模拟人类大脑的结构、功能和生物行为出发建立了各自的理论。而由于在人工智能发展的起步阶段，信息学科范式尚未建立，它们都不自觉地沿用了物质学科范式"分而治之"和"单纯形式化"的方法论。客观地说，"分而治之"和"单纯形式化"方法论对于物质学科(包括材料科学和能量科学)而言，是非常有效、非常成功的方法，对于物质学科的发展发挥了不可磨灭的历史性的伟大作用。但是，把它们用到人工智能的研究领域，就**导致了人工智能的研究必然要承受如下的后果**(钟义信，2018)。

(1)**物质学科范式的科学观是"机械唯物论"，它的主要观念是，研究的对象只能是物质客体，不允许任何主观因素的介入。**

这样，**排除了主体的主观意志和主体目标这样一些主观能动因素，就全面堵塞了智能的来源，因为纯粹的物质客体是无法产生智能的**。这对人工智能的研究是一个致命性的束缚。不过，当时的人们对此并无不适的感觉，因为历来所接受的教育就是物质学科范式的科学观。况且，如果不接受物质学科范式的科学观，又能接受别的什么科学观呢？在那个时代，学科范式只此一家。

(2) **物质学科范式的方法论是"机械还原方法论"，它要求贯彻"分而治之"方法和"单纯形式化"方法**，于是人工智能的研究就被"肢解"为结构主义的人工神经网络、功能主义的物理符号系统/专家系统、行为主义的感知动作系统，**三者互不认可，分道扬镳，各自为战，无法形成统一的人工智能理论**。同时，信息、知识、策略这些基本概念以及演绎的逻辑都只研究了形式，而它们的核心内涵(即概念的价值因素和内容因素)都被彻底阉割，导致人工智能系统的**智能水平十分低下**，所谓的智能其实都是快速计算的奇葩表现。

就以当前最受热捧的 GPT 系列产品来说，情况也莫不如此。

GPT 基本上属于模拟人脑生物神经网络结构的研究途径，它的底层就是具有千亿级可调参数的深层人工神经网络，并在此基础上建立了深度学习能力。不过，GPT 已经比初期人工神经网络前进了一大步，不再单纯依赖神经元突触连接权值来表达知识，而是新建了庞大(万亿级)的预训练语料库来存储知识，其中的语料经过大量人工的训练、调整和挑选。当用户输入询问的"问题"时，GPT 依靠超高速计算系统计算"问题"与"语料库中候选答案"之间的统计相关性，把其中统计相关性最大(或满足其他准则)的候选答案返回给用户。这样，可以使用户感觉"答案"是与"所问"相关联的，从而可以获得用户的满意评价。正因为有这样的表现，人们就认为"GPT 有智能""GPT 是通用人工智能的雏形""GPT 的水平已经超越大部分人类"，以致有一千多名专家联名要求"暂停 GPT 的升级研究"，因为他们担心 GPT 会给人类造成威胁和引起恐慌。

经过考察，我们注意到，GPT 系列在技术上确实付出了很大的努力，甚至在规模上做到了极致：千亿级的可调参数，万亿级的预训练语料库，超高速的计算系统，使得 GPT 系列产品在学术界和公众心目中带红了人工智能的"大模型"。

但是，即使不去追究 GPT 所带红的大模型本身所具有的"巨大能耗、巨大物耗、巨大人力资源消耗"这些不可持续的问题，也暂且不讨论大模型本身所固有的技术垄断性质，仅就 GPT 所存在的方法论问题来说，它也不能代表人工智能研究的正确方向。

　　具体来说，GPT 系列产品最大的问题是"它并没有真正的智能"，因为它没有智能的直接基础——理解能力。众所周知，真正的智能必须建立在理解的基础上。否则，如果没有理解的能力，即使能够像 GPT 那样按照"概率的大小"来生成语句，按照"统计相关性的大小"从大规模预训练语料库挑选出"答案"，那也不是真正的智能表现。因为，**一切概率统计的方法都建立在"形式特征"的统计基础上，而完全不关注"内容的理解"**。

　　进一步说，我们之所以那么明确地断言 GPT 没有理解能力，是因为智能是由信息和知识提炼出来的（没有信息和知识，智能就成为无源之水），而GPT（其实，现有的各种人工智能产品）所利用的信息和知识都是被"形式化"阉割了内容因素和价值因素的"空心的信息"和"空心的知识"。**不要说是 GPT 机器，即使是人类自己，面对陌生的且不了解其内容和价值因素的形式也无法实现对它的理解**。所以，无论对用户的"问题"还是对语料库的"候选语料"，GPT 都无法实现理解，于是，只好求助于"统计方法"，希望通过对"问题"和"候选语料"之间的统计相关性计算来挑选答案。然而，统计方法的应用要求满足"样本的遍历性"，也就是要求 GPT 应当拥有大量的语料样本。这就是GPT 必须拥有庞大预训练语料库的重要原因。人所共知，凡是按照统计准则来挑选答案的，必定不能理解自己所挑选的答案的内涵。据报道，微软亚洲的首席技术官（chief technology officer，CTO）韦青也指出过，**机器（指 GPT）不懂概念，只懂概率；机器不懂概念推理，只懂概率运算**。总之，GPT 只依赖于统计相关性的计算来挑选答案，而不是根据内容理解来挑选答案。这是不争的事实。人们由于不了解 GPT 工作的机制，才误以为它有理解能力，误以为它有智能，才造成不知就里的轰动。

　　至于"生成式 AI"，情形也与此类似：在生成语句的过程中，后续究竟应当选用哪个词汇（或短语）也是依靠概率的计算，依赖"统计"来决策。如上所言，凡是依靠统计方法来做选择的，通常可以做出"形式上（而不是内容上）是好的选择"，而系统对于自己所作选择的内容都无法理解，因此也无法解释。

　　毫无疑问，统计理论与统计方法都是科学的理论和方法，可以用来对随机现象进行统计分析，建立统计规律。但是，它们都只有"形式特征的统计能力"，而没有对"样本内容的理解能力"。所以，任何科学理论和技术工具都有它们各自的适用场合，不是放之四海而皆准的"万灵药方"。

　　有人提出异议说：GPT 的对话能力、写作能力、考试能力等都已经通过了图灵测试，难道还不能承认它"有智能"吗？我们认为，图灵测试也只关心结果的表面形式,不关心结果的实质内容。因此,图灵测试并不是一个标准的"智能鉴别器"。这也正是塞尔"中文房间"思想实验所表达的意见。在只讲究形式的年代,图灵测试得到人们的认可,到了关心内容实质的现今时期,图灵测试的不合理性就表露出来了。

还要指出,不少学者常常引以自豪的是"GPT 大模型实现了涌现效应"。这其实并非一个确切的命题。GPT 大模型实现的并非"涌现"特性,而是统计方法的必然表现:只有当样本规模能够满足"遍历性",即只有当样本数量足够大(理论上是无穷大),统计方法的效果才能显现。然而,统计方法的效果无论有多好,也不能提供内容的理解能力。也就是说,无论 GPT 大模型的规模再怎样加大,也不能消除"幻觉(讲假话)"的根源。

总之,GPT 运用了许多精巧的技术诀窍,但缺乏理论突破,不能产生真正的智能。

人工智能理论不能产生真正的智能,或者如民间流传的"人工智能系统不智能",这是多么严重的问题!究竟是什么原因造成了这种结果?十分明显,这是"范式张冠李戴(以物质学科的范式指导人工智能的研究)"所带来的结果。可惜的是,人们因为漠视了"范式"的作用,造成了"范式张冠李戴"这样严重的结果而不能自知。

这些,就是本书不愿大力推崇 GPT 的原因。

结论是:只有范式革命,才是解决人工智能范式张冠李戴问题的正道。

当然,遵循物质学科范式之后,人工智能的研究仍然可以取得各色各样的成果,然而这些研究成果都会特别深刻地带上物质学科范式(特别是其中的方法论)制约的痕迹:

(1)**成果的局部性,即难通用**(受制于物质学科范式"分而治之"方法论);

(2)**成果的浅层性,即低智能**(受制于物质学科范式"单纯形式化"方法论)。

不难发现,**模式识别与分类**,是唯一没有受到物质学科范式限制的人工智能研究领域,因为这种领域本来就"只需要形式,不需要内容,也不需要理解"。它们只需要根据"形式匹配"的准则来分类各种模式,而不要求理解模式的内涵。得益于计算机极高的计算速度和精度,它们的分类能力可以远超人类,只是没有任何理解的能力。

1.4.2　人工智能范式革命的实施步骤

既然由于人工智能的研究处于"范式的建构期",范式的"张冠李戴"制约着人工智能的研究一直处于"局部性"和"浅层性"的初级阶段，那么，推动人工智能的研究走出初级发展阶段迈向高级发展阶段的唯一正确策略，就是实施"人工智能的范式革命"。

那么，人工智能的范式革命应当从何着手？如何展开？怎样标志人工智能范式革命目标的达成？答案是：应当遵循本书总结的"新兴学科范式革命的普遍实施纲领"（表 1.3）。

1. 人工智能范式革命的第一步：总结和建立信息学科的范式

由 Shannon 的信息论可见，信息论的信息只关心信息载体的形式因素（信号的波形），而完全丢弃了信息的价值因素和内容因素。这样的信息概念虽然对通信领域已经足够，但不足以支持人工智能的研究，因为后者不仅需要了解信息的形式因素，还要了解信息的价值和内容因素。根据"新兴学科范式革命的普遍实施纲领"（表 1.3），我们首先总结提炼了信息学科范式的基本特点。

信息学科范式的科学观：突破"单纯物质观"，坚持"整体观"，也就是坚持"对立统一的科学观"。它认为，人工智能不仅需要研究物质客体，更需要研究人类主体，尤其需要研究主体与客体的相互作用。人工智能是在人类主体驾驭下、在环境客体约束下、在人类主体与环境客体相互作用下所产生的复杂信息生态过程（钟义信，2023）。

信息学科范式的科学观认为，研究对象是主体与客体相互作用所产生的信息生态演化过程，研究的目的是主体与客体的合作双赢。在图 1.1(b)所示的人工智能概念模型中，信息学科范式以"整体观"为标志的科学观得到了十分准确而清晰的说明。

信息学科范式的方法论：坚持"辩证论"的"信息生态方法论"。它认为：为了保障人工智能系统能够生成解决问题达到目标的智能行为，系统所涉及的信息内涵必须完备（不应被阉割）、信息生态过程经历的时间空间必须完整（不应被肢解）、整个信息生态过程必须实现整体（包括环境）优化（钟义信，2023）。

信息学科范式的方法论主张：既然坚持"信息生态"理念，信息过程就不应当被肢解，信息概念就不应当被阉割，而应当用"形式-价值-内容"三位一体的方法来分析整个信息过程；这样的分析才能保障信息的可理解性，从而可实现以理解为基础的智能决策。

因此，十分自然的结论就是，既然我们已经总结和提炼出了适合信息科学和人工智能性质的信息学科范式，那么，用信息学科范式取代物质学科范式、把借来的物质学科范式归还物质学科领域的时机就已经完全成熟了。换言之，现在实施人工智能的范式革命，可以认为恰是正当其时。

至此，可以得到的结论是：这里所讲的**"人工智能的范式革命"具有以下三个方面的完整内涵**(钟义信，2023)。

(1)在人工智能的核心和灵魂过程——主体与客体相互作用所产生的信息生态演化过程中，必须严格遵循信息学科范式的引领和规范；

(2)作为支持人工智能信息生态演化过程的物质载体与能量供给方面，则应当遵循物质学科范式的引领和规范；

(3)在整个人工智能系统中，信息学科范式是主导，物质学科范式是支撑。二者相反而又相成，对立而又统一，共存于人工智能系统之中，共同完成人工智能系统的使命。

如果把物质学科范式简记为 PPD (paradigm for physical discipline)，把信息学科范式简记为 PID (paradigm for information discipline)，那么，以上三个方面所表达的"范式革命"涵义就可以表示为 PID/PPD，意为"以 PPD 支持 PID，两者和谐相处合作共赢"。

关于"人工智能范式革命"的涵义是迄今为止最为系统、最为深刻，也是最为重要的结论。

有了人工智能范式革命的总体认识，以下各节就来阐述：如何在人工智能的研究活动中贯彻落实信息学科范式，从源头上开创人工智能全新理论的具体步骤。

2. 人工智能范式革命的第二步：构筑人工智能的全局模型

既然建立了信息学科的范式，现在就可以按照所建立的信息学科范式来引领和规范人工智能学科的建构。也就是说，人工智能范式革命的第二步，是要按照信息学科范式的科学观来构筑反映人工智能全局宏观特性的人工智能全局模型(理想化状态下)，或者说，把信息学科范式的科学观落实为人工智能学科的全局模型。

人所熟知，历来人们都认为"大脑是人类智慧的寓所"，或者认为"人类高级认知功能定位于大脑"。换句话说，"只要把大脑的结构和功能认识清楚了，人类思维的奥秘就揭晓了"。因此，他们就把人工智能的全局模型理解为"人工大脑"。直到今天，许多研究者都还信心满满地坚持这种认识，因此才引出了种种的"类脑研究"。

然而，图 1.1 的模型清楚表明，人工智能的全局模型不是单纯的"人工大脑"，这是因为：一方面，孤立的与外部环境没有任何联系的"大脑"无法接受外部环境的刺激(不能接收到外部环境客体发出的"客体信息")，因此不会无缘无故地产生对外的反应(即不会无缘无故地产生"智能")；另一方面，孤立的与外部环境没有任何联系的大脑即使闭门造车地产生了所谓的"智能"，它也无法通过实践来检验这样闭门造车所产生的"智能"是否是真正的智能。换言之，**孤立的大脑是不可能产生智能的**。其实，回想一下"狼孩"的实验，这个结论便一目了然。

据说，大约在 200 年前，一批医生曾经试图通过解剖人类大脑来"打开大脑的黑箱"，以此来解开人类思维的奥秘。他们把大脑解剖成若干片段，希望把大脑的每个片段的物质结构和能量关系都研究清楚，从而就可以彻底揭示大脑思维的奥秘。但不无遗憾的是，他们没有如愿。

那么，怎样才能构造具有真正科学意义的人工智能全局模型呢？

唯一正确的方法是要从信息学科范式的科学观得到启示。因为，科学观阐明了"学科的宏观本质究竟是什么"。

为此，可以在原来的基础上把信息学科范式科学观表述得更具体一些，于是就得到如下的理解：人工智能是在人类主体的驾驭下、在外部环境的约束下，人类主体为了实现生存与发展的目标而与环境客体之间发生相互作用——主体在接受环境客体所产生的"客体信息"(也称为"问题")的作用后，根据自己的目标判断这个外部刺激是否与自己的目标相关；如果不相关，主体就不予理会；如果相关，就利用自己的知识产生自己的"智能行为"反作用于环境客体，以期解决问题达到目标。如果由于存在各种非理想因素的影响，智能行为反作用的结果与预期目标之间存在明显的偏差，就要把这个偏差作为补充性的客体信息反馈到输入端，通过学习补充新的知识，优化策略，改善反作用的效果。如果一次这样的反馈-学习-优化过程还不够，就可以进行多次，直至达到满意的效果。

按照上述信息学科范式科学观的启示所构造的人工智能的全局模型不是别的，正是图 1.1(b) 所表示的人工智能模型。

从这个模型中可以看出，信息学科范式科学观引导建立的人工智能全局模型包含了以下基本要素：

(1) 环境客体产生的客体信息作用于主体；

(2) 主体判断外部刺激是否与自己的目标相关，只有相关的刺激才需要应对；

（3）主体产生相应的智能行为反作用于客体；

（4）在反作用的结果不理想的情况下进行优化。

显然，图 1.1（b）所示的人工智能全局模型充分揭示了人工智能的全局本质。

由此也可以进一步断言，"人工大脑"只是图 1.1（b）所示的人工智能全局模型的一个有机组成部分，而不是全局。只有图 1.1（b）这样的人工智能全局模型才能真正全面、深刻地揭示人工智能的工作实质。

3. 人工智能范式革命的第三步：探索人工智能的研究路径

建立了人工智能的全局模型，接下来的问题是：应当怎样来研究人工智能的全局模型才能真正解决问题？于是，人工智能范式革命第三步的实质，是要根据信息学科范式的方法论，针对所创建的人工智能全局模型，探索研究人工智能的科学路径。如果把构筑人工智能全局模型看成"明确了任务是要过河"，那么，探求人工智能研究路径的问题便是"如何以最优的方式从河的此岸到达彼岸"。

提到人工智能的研究路径，人们就会立即联想到迄今人工智能研究所存在的、由物质学科范式的"分而治之"方法论引导出来的三种互不认可、分道扬镳的传统研究路径：

（1）结构主义的人工神经网络研究路径；

（2）功能主义的物理符号系统/专家系统研究路径；

（3）行为主义的感知动作系统研究路径。

它们各行其是的结果，导致人工智能研究至今都无法建立统一的人工智能理论。因此，我们希望信息学科范式的方法论能够结束这种"分而治之"和"分道扬镳"的局面，把人工智能的研究引领和规范到一个和谐统一、科学合理的研究路径上来。

信息学科范式的科学观启示了人工智能的全局模型如图 1.1（b）所示，而信息学科范式的方法论——**信息生态方法论**则注定了：人工智能的研究路径必定是"信息生态演化过程"。这是因为，图 1.1（b）的全局模型表明，它的输入端是"客体信息"，它的输出端是"智能行为"。研究的路径就是要探明如何把"客体信息"有效演化为"智能行为"这样一个"信息生态演化过程"。分析的结果就得到了图 1.2 的模型（钟义信，2023）。

其实，由人工智能的全局模型（图 1.1（b））到人工智能的研究路径（图 1.2）的演绎是天成自然的过程。从这两个图的宏观角度看，它们是完全等效或者说是完全一致的：同样接受了主体（人类智慧）提供的工作框架"问题-目标-知识"，

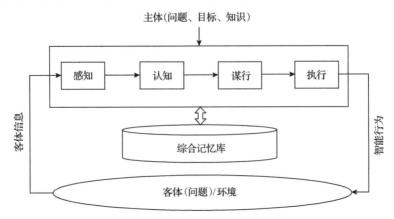

图 1.2　人工智能的研究路径：普适性智能生成机制

同样经受着外界"客体信息"(问题)的刺激，同样生成了反作用于环境客体的"智能行为"。

它们之间唯一的不同是：由客体信息演变为智能行为的过程在图 1.2 具体表现出来了，而在图 1.1(b) 则是隐含着的。也就是说，图 1.2 的人工智能研究路径(普适性智能生成机制)模型只不过是把图 1.1(b) 的人工智能全局模型具体化了，即把"由客体信息演绎出智能行为的过程"具体化了。

非常有意义的是，图 1.2 模型中**"由客体信息演绎出智能行为的过程"不是别的，正是人工智能系统中"智能的生成机制"！而且，这个"智能生成机制"所体现的正是信息学科范式的信息生态方法论。所以，图 1.2 的模型向人们揭示了一个巨大的秘密：人工智能系统的智能究竟是怎样生成的？它的生成机制是什么？**这也表明，人工智能的生成机制正是贯彻"信息学科范式方法论"的结果。这是人工智能理论研究中的核心理论和关键理论。

更加有意义的是，图 1.2 模型所揭示的人工智能系统中"智能的生成机制"不依赖于人工智能系统所面对的工作框架"问题-目标-知识"的具体内容。也就是说，不论给定的工作框架"问题-目标-知识"是什么，只要它是合理的，即给定的问题是有解的，这个"智能生成机制"就可以生成解决这个问题的智能！因此，可以实至名归地把这个"智能生成机制"称为**普适性智能生成机制**(钟义信，2023)。

如果仔细考察普适性智能生成机制，可以发现这个机制是非常自然和合理的。

(1)首要的任务是"感知"以及在感知基础上的"注意"。

面对外部客体信息的刺激，主体一定要理解这个客体信息究竟与人类智慧设定的目标有没有关系。如果没有关系，则不予理会（或者可以抑制或过滤）；如果有关系（不论是有利于实现目标还是不利于实现目标），则要做出相应的处理。完成这个任务的，称为"感知-注意"模块，它的输出就是"感知信息"。它表示了主体（在人工智能场合是主体的代理）对于外部刺激（即需要解决的问题）在信息层面上的认识，称为感性认识。

（2）紧接着的任务是"认知"。

主体对客体信息（问题）仅有信息层面上的感性认识是不够的，因此，必须通过认知模块把感性认识提升为理性认识，即把感知信息转换提升为知识。信息是现象，知识是本质。因此，通过认知，主体就获得了关于客体信息（待解问题）的理性认识。

（3）随后要执行的任务是"谋行"。

主体拥有了关于待解问题的知识不等于主体就能够直接解决问题，主体还必须在目标的引导下、在知识的约束下、在问题求解空间谋划和寻求解决问题的策略，这表现为一系列的演绎推理，直到推演至达到预设的目标为止。这个任务称为"谋划求解问题的行动策略"，简称为"谋行"。

（4）然后便是"执行"。

模块"谋行"得到的是抽象的"智能策略"。于是还需要把它转换成为可以执行并能改变问题状态的"智能行为"。这个模块的名称就是"执行"。

由**"感知-认知-谋行-执行"**构成的**"知（感知与认知）行（谋行与执行）学"**是普适性智能生成机制的基本过程，也是普适性智能生成机制的理想过程。

如上所说，在实际情况下，执行模块把智能行为反作用于环境客体（问题）后，往往会发生误差。这样，主体就要执行**"误差反馈-学习新知-优化策略和行为-改善效果"**这样一种"循环往复，逐步寻优"的过程。

可见，图 1.2 所执行的普适性智能生成机制的学术本质乃是"信息转换与智能创生原理"。具体来说，"客体信息-感知信息（感知-注意）"和"感知信息-知识（认知）"的演化过程实质上属于"信息转换"过程，而"知识-智能策略（谋行）-智能行为（执行）"的演化过程则属于"智能创生"过程，其中"谋行"体现了寻求策略的智能性创造力。

如上所说，只要给定的工作框架（应用场景）"问题-目标-知识"是合理的（有解的），这个普适性智能生成机制就一定能够生成解决所提问题、达到预设目标的智能策略和智能行为。有鉴于此，"信息转换与智能创生原理"就应当名正言顺地定名为"信息转换与智能创生定律"（钟义信，2023）。

以上的讨论表明：**普适性智能生成机制的本质就是实现"信息转换与智能创生定律"**。这是信息学科范式的"信息生态方法论"所开创的和谐统一、高效优质的人工智能研究路径，是人工智能范式革命最重要的成果。它从理论上结束了人工智能"三国演义"的历史。

"普适性智能生成机制——信息转换与智能创生定律"之所以特别重要，是因为：

人工智能的根本任务就是要生成解决问题的智能，**一旦破解了智能的生成机制，就解决了人工智能的根本问题，而"普适性"的智能生成机制是对人工智能根本问题的"普适性"解决，是"通用人工智能理论"的核心**，所以意义非同小可。从此，我们把这个全新的、和谐统一和高效优质的人工智能研究路径称为**"机制主义"的研究路径**，以便与传统的"天下三分"的结构主义、功能主义、行为主义的研究路径相区别（钟义信，2023）。

普适性智能生成机制的本质是实现"信息转换与智能创生"，这就告诉我们：**解决人工智能的根本问题必须紧紧抓住信息及其转换规律**，而不能仅仅着眼于数据、算法、算力、知识、硬件。这是因为，只有信息才是智能的真正源头，只有信息转换才是人工智能的工作灵魂，只有信息及其转换才是智能创生的根本前提。

众所周知，在物质学科领域存在两个"神圣的"基本定律，即物质领域的"物质转换与物质不灭定律"和能量领域的"能量转换与能量守恒定律"。现在发现的"信息转换与智能创生定律"便是信息学科领域的"神圣的"基本定律。它们并驾齐驱等量齐观，共同构成了以物质-能量-信息为基本资源、以物质领域-能量领域-信息领域为三大支柱的现代科学基本定律的完备体系："**物质转换与物质不灭定律**"和"**能量转换与能量守恒定律**"是人们不可逾越的两个基本界限，而"**信息转换与智能创生定律**"告诉人们可以通过信息转换来创生智能为人类造福。"生存与发展"是人类的永恒目的，从这个意义上说，与两个"不可逾越的界限"相比，创造智能造福人类的"信息转换与智能创生定律"具有更为积极、更为深远因而也更具重要的意义（钟义信，2023）。

可以理解，"**普适性智能创生机制——信息转换与智能创生定律**"这个最为重要、最值得人们大书特书的现代科学至宝，只能在信息学科范式引领下、在信息学科最深邃的人工智能研究领域内最为幽静冷僻、最为深藏不露的层次被挖掘出来，确有它的必然性！

总之，信息学科范式的科学观和方法论为人工智能理论的根本突破和源头创新构筑了全新的全局模型，开创了全新的研究路径，奠定了全新的而且是十分牢固坚实的科学基础。

4. 人工智能范式革命的第四步：人工智能学术结构的精准化

信息学科范式的科学观和方法论为人工智能学科明确了宏观的定义，基于信息学科范式科学观的全局模型和基于信息学科范式方法论的研究路径则把人工智能学科的宏观定义落实为人工智能学科的基本框架。进一步的工作，是要对学科的基本框架加以精准化。

这里，首先要面对的问题包括：如此定义的人工智能学科框架是由哪些具体学科交叉而成的？它仅仅是"计算机学科的应用分支"吗？或者，仅仅是"自动化学科的延伸"吗？又或者仅仅是"物理学科的扩展"吗？诸如此类。

图 1.3 给出了人工智能的交叉学科结构的简略示意，表明它需要人类学、社会学、人文学、神经科学、认知科学、信息科学、数学、逻辑学、哲学、微电子学、能量科学、材料科学等诸多学科的协力支持。当然还不止这些，这里只是示意而已。

图 1.3　人工智能的交叉学科结构(示意)

计算机科学是信息科学的一个组成部分，对人工智能的研究具有重要作用。但是，真正的智能不是纯粹靠计算产生的。何况，计算机的信息处理也都是遵循了"单纯形式化"的方法论，因此只能做空心化的信息处理，不能支持"形式-价值-内容"三位一体的处理。自动化系统的情况与计算机类似。它们都只能支持"只需形式，无需内容，无须理解"的像模式分类一样的初等智能研究。

总之，人工智能是一门典型的复杂科学，研究对象包含复杂的人类主体系统以及复杂的人类主体与环境客体的相互作用。如果仅从某个单一学科的观念去研究，就必然会丢失许多复杂学科的要素，使研究无法到位。

5. 人工智能范式革命的第五步：人工智能基础理论精准化

在图 1.3 所示的人工智能的交叉学科结构示意中，哲学、逻辑学、数学扮演了基础学科的角色。为了用机制主义方法来回答大家所关注的"智能是什么"这一重大科学问题，本书试图创立一个通用的人工智能理论框架（图 1.4）。这个理论从"整体观"的科学观和"辩证论"的方法论出发，用泛逻辑作为逻辑工具、因素空间作为数学工具，去支持和实现人工智能的"机制主义"的理论与应用研究。

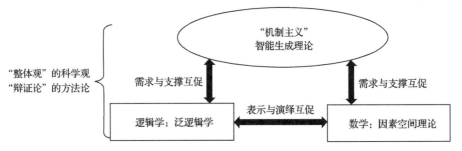

图 1.4　"机制主义"与逻辑学、数学的关系

逻辑是人工智能需要的重要演绎工具，应当符合"整体观"的科学观和"辩证论"的方法论。但是，目前的逻辑理论，如最为流行的标准数理逻辑中的命题逻辑和谓词逻辑，都属于形式逻辑，也只能支持那些"只需形式因素，不需内容因素，不需要理解能力"的初等人工智能研究，不足以满意地支持人工智能对逻辑演绎的要求。而且，现有的形式逻辑体系也不完备。标准逻辑的适用条件很严格，适用范围比较有限；而适用于某些特殊条件的各种非标准逻辑，互相之间也往往互不兼容。另外，这些流行的逻辑理论都是"非此即彼"的刚性逻辑，无法适应"亦此亦彼"等现实逻辑的需求。因此，何华灿教授提出和创建的泛逻辑理论能够比较满意地支持人工智能理论研究的需求（何华灿等，2021）。

对于数学来说，它是研究"形与数"的科学。显然，"形与数"本身都是事物的形式而不是内容。因此，数学也只能支持人工智能中那些"只需考虑形式，无须考虑内容，无需理解能力"的初等研究。为了满意地支持更加深入的人工智能的研究，数学应当学会表示、分析和处理事物的内容。此外，现有与人工智能研究有关的各种数学分支，如概率论、集合论、模糊集合论、粗糙集合论等尚未形成和谐统一的数学工具。有鉴于此，人工智能的研究热切地呼唤数学应当有新的发展。总体来说，人工智能的数学应当符合"整体观"的科学观和"辩证论"的方法论。汪培庄教授提出和创建的因素空间理论就是适应这种新要求的新的数学理论(汪培庄等，2021)。

6. 人工智能范式革命的第六步：重建人工智能的新理论

在信息学科范式科学观和方法论的引领和规范下，成功构筑了全新的人工智能全局模型，又开创了全新的人工智能研究路径，而且精准地界定了人工智能的交叉学科结构，明确了基础学科(数学、逻辑学与哲学)的新特色。因此，重建人工智能新理论的条件已经成熟。

如前所说，在信息学科范式引领与规范下重建人工智能理论的主要工作，就是要构筑和实现以"信息转换与智能创生定律"为标志的普适性智能生成机制。道理很明晰，面对任何实际的应用场景，只要提供了合理的工作框架(待解问题-预设目标-相关知识)，以"信息转换与智能创生定律"为标志的普适性智能生成机制就可以生成解决问题达到目标的智能策略和智能行为。所以，**构建全新的人工智能理论的实质，就是实现"信息转换与智能创生定律"所体现的普适性智能生成机制**(钟义信，2023)。

根据图 1.2 所示的普适性智能生成机制——信息转换与智能创生定律，重建的人工智能新理论的工作主要就应当包含：

(1)建构感知原理，阐明其相关概念；

(2)建构记忆原理，阐明其相关概念；

(3)建构认知原理，阐明其相关概念；

(4)建构谋行原理，阐明其相关概念；

(5)建构执行原理，阐明其相关概念；

(6)建构优化原理，阐明其相关概念。

为了深入阐述这些重要的理论，同时又照顾到各节篇幅上的平衡，我们将这些内容放在 1.5 节讨论。

1.5 实现普适智能生成机制，创建通用人工智能理论

如表 1.3 所示，人工智能范式革命最后一步的工作，就是根据信息学科范式的科学观和方法论启迪的人工智能学科定义、人工智能的全局模型和研究路

径，特别是以"信息转换与智能创生定律"为标志的普适性智能生成机制，系统重建人工智能的理论。

为此，我们将依照图 1.2 所示的普适性智能创生机制"信息转换与智能创生定律"来具体阐述实现通用人工智能理论的内涵与建构。

1.5.1　感知（与注意）原理：由"客体信息"到"感知信息"的转换

感知与注意（往往简称为感知），是人工智能系统的"入口"环节。全面准确地理解客体的信息，并且把握住系统的"入口"关，放进该放进的信息，拦住不该放进的信息，这是感知与注意模块的职责。然而，把握住"入口"关的前提，又是全面准确地理解客体信息。

具体来说，感知与注意模块的任务，是代表人类主体去认识所面临的客体（问题），也就是要把问题所呈现的"客体信息"转换为主体所实际感受到的"感知信息"，以便能够全面了解这个客体信息，并根据了解的结果来决定是否应当允许这个客体信息进入系统。全面了解客体的信息，这就是"感知"的作用；而决定是否应当允许客体信息进入系统，这就是"注意"的作用。在这里，全面准确地理解客体信息是最重要的任务；否则，在入口段的理解存在偏差，就会给后续的工作带来巨大的负面影响。

完成感知任务的感知原理模型如图 1.5 所示（钟义信，2013）。

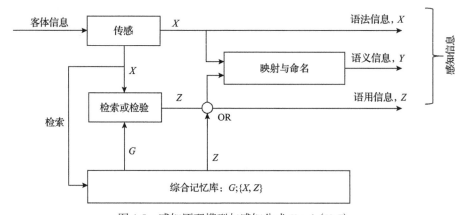

图 1.5　感知原理模型与感知公式 $Y = \lambda (X, Z)$

图 1.5 的感知模型表明，它的输入端是表达外来刺激（问题）的客体信息，而它的输出端则是主体（代理）从中所获得的感知信息，因此完成了第一个信息转换：由客体信息到感知信息的转换。

根据信息生态方法论的"信息内涵必须完备"原则，感知信息包含三个分量：

（1）主体从客体信息中所感受到的**客体的形式信息，称为语法信息** X；

（2）主体从客体信息中感受到**客体对于主体目标而言的效用信息，称为语用信息** Z；

（3）由语法信息 X 与语用信息 Z 两者的偶对 (X, Z) 通过映射（抽象化）与命名的处理而得到的关于**客体的涵义的信息，称为语义信息** Y。

按照客体信息和感知信息的地位和性质，客体信息在哲学上被称为**本体论信息**，感知信息被称为**认识论信息**。由于感知信息（认识论信息）包含语法信息、语用信息、语义信息，体现了信息生态方法论"信息内涵必须完备"的原则，因此也称为**全信息**。感知信息、认识论信息、全信息三者乃是同义语。

1. 感知原理的解释

主体具有感觉器官，能够感受到客体的形式，从而生成了语法信息 X。主体又具有"合目标性"的检验能力，能够检验出客体是否有利于（或有害于）主体实现自己的目标，从而生成了语用信息 Z。不过，语法信息和语用信息都是主体所得到的关于客体的"第一性"认识，都是"就事论事"的信息。为便于今后的各种应用，主体还希望建立关于客体的总括性的认识。于是，就在语法信息 X 和语用信息 Z 两者的偶对 (X, Z) 的基础上，把偶对 (X, Z) 抽象（映射）到一个可以命名的涵义空间，形成具有特定名称的涵义信息，称为语义信息 $Y = \lambda(X, Z)$。其中的符号 λ 就是代表"映射与命名"算子的符号，Y 就是语义信息的名称。这样，**只要提到名称 Y，也就等于提到了偶对 (X, Z)，甚至相当于提到了整个 X、Y、Z。这样不仅十分方便和高效，而且，这样定义的语义信息可以成为整个感知信息的合法代表。**

这个感知公式

$$Y = \lambda(X, Z)$$

就成为语义信息的定义和生成公式。它表达了由 X 和 Z 生成 Y 的工作机理（钟义信，2013）。

2. 感知原理的实现

（1）语法信息 X 采用传感（相当于人的感觉器官）系统直接得到。

（2）语用信息 Z 的获得需要分为两种情形。

①检索的方法，适用于综合记忆库内存在相关偶对的情形。

把已经获得的语法信息 X 作为检索的关键词，到综合记忆库的偶对集合 $\{(X, Z)\}$ 进行检索，如果发现了关键词 X 与偶对集合中的某个成员(如 X_k)实现了匹配(匹配的精度要求依具体问题而定)，那么，与成员 X_k 对应的 Z_k 就是所要求的语用信息 Z。这个方法对于人来说，就是在自己的记忆系统中"回忆"的方法。

②检验的方法，适用于综合记忆库内不存在相关偶对的情形。

把已经获得的语法信息 X 与本系统的目标 G(存在综合记忆库内)进行"相关性运算"，运算的相关结果就是所要求的语用信息 Z。这个方法对于人来说，就是人对客体直接的效果体验。图 1.5 中，这两种方法获得的语用信息是"或(OR)"的关系。

(3)语义信息的获得：如上所说，语义信息是"第二性"的，是抽象的，无法通过直接的感受和直接的检验获得，只能通过感知公式 $Y = \lambda(X, Z)$ 来定义。具体来说，就是在主体获得了客体的语法信息 X 和语用信息 Z 的基础上，首先建立它们两者的偶对 (X, Z)，然后把偶对映射到语义信息空间(抽象为偶对的"涵义")，并命名为 Y。需要注意的是，当偶对被抽象为自己的内容 Y 的时候，偶对成员 X 和 Z 本身并没有被改变，只是建立了自己共同的代表(涵义)，并且获得了名称，便于今后的应用。

这样，主体获得了关于客体的语法信息 X、语用信息 Z、语义信息 Y 以后，就全面而准确地了解了客体的形态、客体对于主体目标而言的效用和客体的涵义，从而为主体系统实施"注意"机制把好入口关奠定了基础，即选择与实现主体目标有关的客体信息，排除与实现目标无关的客体信息。

需要指出的是，这组术语"语法信息、语用信息、语义信息"并不是这里定义的新名词，事实上它们是历史相当悠久的"符号学"名词群。然而不无遗憾的是，"符号学"并没有准确说明它们的确切定义，也没有说明它们是如何生成的，更没有说明它们三者之间的相互关系，因而留下许许多多的争论。人们可以看到，在"符号学"本身以及它的应用领域"语言学"的历史上，关于这组术语，特别是关于其中"语用学"和"语义学"的涵义以及它们的相互关系，产生了旷日持久而且愈演愈烈的讨论、争论和辩论。除此之外，语法学、语义学、语用学三者之间存在什么关系也未能明确说明。在符号学理论中，这三个概念是各自独立定义的，互相之间关系是平等、平行的。然而，正是这种"独立、平等"的关系，成为后来引发争论的又一个根源。

在上面关于感知原理的解析中，不但形式信息(语法信息)、效用信息(语用信息)、涵义信息(语义信息)三个术语的概念定义得十分明确，而且三个术语之间的关系也表达得十分清晰。这个关系就表现在感知公式 $Y = \lambda(X, Z)$ 之中：语义信息（涵义）是定义在语法信息（形式）和语用信息（效用）的基础之上的。因此，语法信息和语用信息是基础性的，具体的，可以直接获得的，是第一性的；语义信息是上层的，抽象的，只能由语法信息和语用信息两者的偶对来定义，因而是第二性的。由此，就可引出与感知原理模型以及感知公式 $Y = \lambda(X, Z)$ 遥相呼应的"信息三角"（钟义信，2023），如图 1.6 所示。

图 1.6　信息三角

3. 感知原理的意义

我们在前面批评了 GPT 系列和现有的各种人工智能理论都没有"理解能力"，因而也就没有真正的"智能"。那么，我们在范式革命引领下所建立的"机制主义通用人工智能理论"就有"理解能力"吗？

答案很明确：有。它的奥秘就在于我们发现、阐明且建立了"把纯形式的客体信息转换为具有语法分量、语用分量和在此基础上定义的语义分量的感知信息的感知原理"，为整个人工智能理论奠定了"理解能力"的基础。这在人工智能的历史上也是第一次。

事实上，**所谓对客体的理解能力，是指这样一种能力：面对任何客体对象，不仅能够根据所获得的语法信息了解客体的形态，而且能够根据所获得的语用信息了解客体对于主体的目标而言的利害关系和厉害程度，从而使主体可以对这个客体做出有理有据的正确决策：支持？反对？忽略？**（钟义信，2013）。

在感知与注意模块，对客体的理解能力是直接为系统的"注意能力"服务的：如果所获得的语用信息为正或负，原则上就应当允许这个客体信息进入系统；如果所获得的语用信息为零，原则上就不允许进入。这样，就使系统在理解的基础上形成了对客体信息的"注意"能力，能够严格地把住入口关。

可见，只有有了理解的能力，人工智能系统才能生成"注意"的能力；同时，也只有有了理解的能力，系统才能生成基于理解的真实智能。因此，**这里所阐明的感知原理和感知公式 $Y = \lambda(X, Z)$ 对普适性智能生成机制"信息转换与智能创生定律"以至于整个人工智能理论的理解能力都做出了基础性的贡**

献，也是历史性的贡献。

历史性的贡献是指，在此之前，历史上所有人工智能理论都没有注意到"理解"的秘密在哪里，更没有解决"如何实现理解"的问题。基础性的贡献是指，感知原理和感知公式在信息层面上解决了理解的原理问题，就为人工智能理论在知识和智能层次上解决理解问题奠定了基础。

反观在物质学科范式约束下的所有人工智能研究，由于没有遵循信息学科范式的信息生态方法论而遵循了物质学科范式的"单纯形式化"方法论，阉割了信息的价值和内容因素，只关注了语法信息，因而不可能建立"语法信息-语用信息-语义信息"三位一体的感知信息。在这种情形下当然无法形成基于理解的"注意"能力，更无法支持基于理解的真实智能。

迄今所有的人工智能理论所实现的，只是通过"传感"获得了体现客体形式的语法信息，但无法建立语用信息，更加无法在此基础上定义语义信息。所以，不可能具有"理解能力"，不可能在系统的入口建立基于理解的"注意"能力，更不可能在后续的过程中建立基于理解的真实智能。事实上，在历史上和现行的人工智能研究工作和相关的文献中，把"传感"的概念当作"感知"概念的误解现象十分普遍。这种误解，对于后续人工智能理论的研究危害极大。

1.5.2　认知原理：由"感知信息"到"知识"的转换

普适性智能生成机制"信息转换与智能创生定律"的模型图 1.2 表明，在完成感知与注意的功能之后，紧接着的便是"认知"。这是因为，通过感知原理，主体只是获得了关于客体(问题)的认识论信息，即感知信息，通过注意原理，感知信息获得了合法进入的权力，但是，感知信息只是关于客体的现象级别的感性认识，距离创生解决问题的智能策略还很遥远。因此，主体还必须设法把感知信息这种现象级别的感性认识提升到本质级别的理性认识，即知识。**而认知原理，正是实现由现象到本质、由信息到知识的转换的功能实体。**

依照信息学科范式"信息生态方法论"的原则，由感知信息转换(归纳、抽象、提升)而来的知识也应当具有"形式-价值-内容"三位一体的品格。这就是通过认知原理由语法信息提炼出来的形态型知识、由效用信息提炼出来的价值性知识、由语义信息提炼出来的内容性知识。为了表明"信息内涵必须完备"的这个特点，我们把这样的知识称为"全知识"。

认知原理的工作模型如图 1.7 所示。

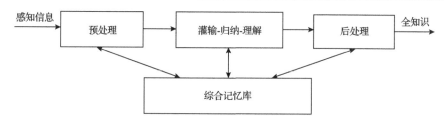

图 1.7　认知原理的工作模型(钟义信，2023)

图 1.7 模型的输入是从感知系统的输出获得的感知信息，模型的输出就是"全信息"。其中的预处理和后处理都是为了功能衔接所需要的处理环节。综合记忆库对预处理、后处理以及以"灌输-归纳-理解"为基本特征的认知过程所需要的知识予以支持。需要重点说明的是以"灌输-归纳-理解"为特征的认知过程。

1. 认知原理的说明

目前，学术界关于"认知"的认识还处于发展阶段，存在不同的理解。比较有典型意义的有两种。

第一种认为：认知就是认识世界和改造世界的全过程，即由感性认识到理性认识再由理性认识到决策和实践检验与优化的过程。

第二种认为：认知就是实现由现象到本质，由感性认识到理性认识，也就是由获得信息到获得知识的过程。

我们认为，第一种认知观过于笼统和庞杂，认识世界(知)和改造世界(行)是两个既有联系又有区别的过程，认识世界包含了从感性认识到理性认识的过程，改造世界包含了从理性认识到谋行(谋划行动策略)和执行与优化的过程。这两个过程虽然存在有机的联系，但是，这两个过程的能力特征是很不相同的。前者是"知"的过程，后者是"行"的过程，毕竟，知不等于行。"知行合一"强调的是知与行要相互有机联系，但不是强调"知就等于行"或者"认识就等于实践"，混淆知与行的概念。因此，把"知"与"行"两者都划归为认知是不妥当的。

我们的认知观就是上述第二种：**认知就是由获得信息(感性认识)到获得知识(理性认识)的过程，就是通过认识活动获得知识的过程。所以，认知就是学习。**获得知识是认知活动的终点。至于由"获得知识"通过"谋划行动策略"到"执行策略和优化策略"的过程，是属于"由理论到实践"的过程(钟义信，2023)。

2. 认知的工作原理

图 1.7 的认知原理模型显示，认知过程的主体具有三种互相有别而又互相联系、互相补足和互相促进的认知方式。这就是灌输的方式、归纳的方式、理解的方式。显然，这三种方式都是为了获得知识（理性认识），所以都属于认知原理的工作方式。但是，这三种认知方式的工作特点和工作质量各不相同。

灌输，是最初等的认知方式，常见于家庭环境下的幼儿学习。这就是在家庭权威（父母）的监护下，把权威自己的知识不加解释地灌输给认知者；而认知者也不假思索地接受权威的灌输，通过反复强记的方法来记住权威灌输给自己的知识。对于人类自身来说，这就是幼儿时期的认知方式。在这里，父母就是灌输式认知的权威。父母说"这是桌椅"，幼儿就记住那是桌椅；父母说"这是玩具"，幼儿就记住那是玩具。父母并不解释为什么"这是桌椅""那是玩具"，幼儿也不思索为什么如此。

灌输的认知方式虽然简单生硬，但却是最基本也是最实用的认知方式。如果没有这种最基本最实用的认知方式给幼儿的认知打下最初的基础，那么后续更高级的认知方式就可能难以进行。不仅对于人类是如此，对于机器（包括计算机和人工智能机器）也是如此。

归纳，是比灌输方式更合理也更有效的认知方式，可以称为"从众"的认知方式，常见于青少年的社会认知活动。青少年走出了家庭，步入学校和社会，老师和社会公众代替了家庭父母成为青少年认知活动的新的权威。老师说什么，书本上说什么，社会公众舆论流行什么，他们就认为是"众人的归纳，不会有错"，因此就容易相信什么。虽然青少年已经有了一定的思考能力，但是，这时的思考能力还比较幼稚和浅表，因此，对于从老师、书本、社会学到的知识通常都会深信不疑，缺乏深度的理解能力、质疑能力和鉴别能力。在这个阶段，青少年学了很多知识，属于青少年成长的重要阶段。但是，这一阶段所学到的知识，他们不一定都能理解清楚。

理解，是人类认知的最高阶段，是成年人自主学习和深刻理解的认知阶段，也是具有自主创新能力的阶段。理解认知的特点是：不仅能够识别事物，还能够理解事物，甚至能够评判、质疑、改造和创新事物。因此理解是比灌输（强记）认知方式和归纳（从众）认知方式更自主、更深入、更彻底、更成熟的认知方式。人类的创造、发明、发现，主要都发生在这个认知阶段。

如前所说，理解式认知的要求是：不仅掌握了关于对象的形态性知识，而且掌握了关于对象的价值性知识，以及关于对象的内容性知识。总之，理解某个事物就意味着掌握了关于这个事物的全知识。相比之下，灌输(强记)式认知可以掌握一些基本的形态性知识，但是几乎没有相应的价值性知识，当然也不可能建立相关的全知识。至于归纳(从众)式认知，肯定学习和掌握了大量事物的形态性知识，可能也掌握了一部分(但不是全部)事物的价值性知识，而且所掌握的价值性知识也不一定全面和准确，因此，可能掌握了一部分事物(通常是相对简单的事物)的全知识，但是对那些比较深刻比较复杂的事物，可能仍然处于比较朦胧的状态。

认知过程的一个非常重要的特点是，三种认知方式不是孤立的，也不是固定的，而是互相依存、互相补足和互相促进的。人们达到自主理解认知阶段以后，还会通过"反刍"的功能对原先尚不理解的事物补充缺失的价值性知识和内容性知识，使所掌握的知识尽其可能地都达到全知识的要求。

我们注意到，由于遵循了物质学科的范式，初等人工智能理论的研究虽然也有"知识"的概念，但是"单纯形式化"的方法论注定了初等人工智能理论的知识完全是形态性的知识，是空心化的、没有内涵的知识。利用这样的知识去研究人工智能，也就只能支持形式化空心化的智能。

1.5.3 记忆原理：记忆库的全信息与全知识表示

记(存储)忆(提取)是信息处理和知识处理的基本需求。一方面，感知过程产生的全信息和认知过程产生的全知识都要存在记忆库，另一方面，记忆库所存储的全信息和全知识常常需要被提取出来利用。因此，怎样恰当地表示全信息和全知识，是记忆库需要考虑的一个基本问题。

显而易见，人工智能系统记忆库的全信息与全知识的存储与提取，一定与计算机系统知识库的知识存储与提取有很大相同，这是因为，计算机存取的知识都是形态性知识，而人工智能记忆库存取的都是全信息或全知识。

那么，应当怎样在人工智能记忆库实现全信息和全知识的存储和提取呢？下面就通过一个简化的例子来说明其中的工作原理。

图 1.8 所示是全信息在综合记忆库的表达方式。

由图 1.8 可知，一方面，所有 n 个基层事物的名称(n 个基层的语义信息)都由该层各自的形态特征(语法信息)和效用特征(语用信息)表达。另一方面，这一层各个事物的形态特征(语法信息)和效用特征(语用信息)又向上反映到上一层，其中 k 个共性的形态特征(语法信息)和 k 个共性的效用特征(语用信息)就构成了上一层事物的名称(语义信息)，$k<n$。这就是概念抽象的过程。这

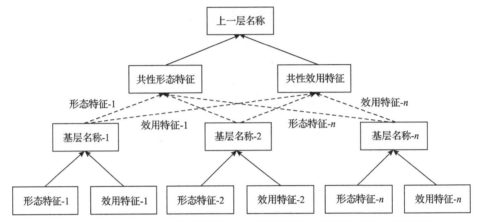

图 1.8　全信息在综合记忆库的表达方式(由基层名称提炼出上一层名称)

种抽象过程可以一直继续进行下去，直到最后成为这一类概念的最高层(只有一个类名称)。

这种由"底层全信息"抽象出"高层全信息"的表示方法和组织方式，可以类推到任何种类的事物的任何层次，从而可以表达综合记忆库的"全信息"的结构体系——那将是一个开放的、复杂的(众多层次，众多分支，不仅有上下层间的概念联系，而且有分支之间的概念联系)概念网络体系。"全知识"在综合记忆库的表达及其所形成的错综复杂的结构体系也与此类似。

这就是"语法信息-语用信息-语义信息"三位一体和"形态性知识-价值性知识-内容性知识"在综合记忆库的表达方式。显然，这种方式与现有计算机系统中的形态性知识在其知识库的表达方式有巨大差别。这种差别就决定了：基于全信息和全知识的综合记忆库能够支持人工智能的研究，而基于形式化数据的数据库和基于形式化的知识(形态性知识)的知识库只能支持计算机的研究而不能支持人工智能的研究。

这里还要顺便提及当下相当流行的"知识图谱"的问题。其实，知识图谱的"知识"仍然只是形态性的知识，没有价值性的知识，也没有形成内容性的知识。换言之，知识图谱的知识也都是空心化的知识，不可能很满意地支持人工智能的研究。回想当年同样吸引人的"语义网络"，那里的语义倒是考虑了一些"义项"，但并不是按照 $Y = \lambda (X, Z)$ 的机理生成的真正的语义，因此，远远没有实现人们对它的期望。

如果把"全信息"和"全知识"的思想注入知识图谱和语义网络，使知识图谱和语义网络中的每个"知识"节点都具有"形态性知识"和"价值性知识"，使这样的知识图谱变成"基于全知识的知识图谱"，那就可以得到根本性的提升，成为人工智能研究的一种有用的知识工具。

1.5.4 谋行原理：由"感知信息-知识-目标"到"策略"的转换

上述关于感知原理、认知原理和记忆原理的讨论，确实都是一些非常重要的基础性工作。不过，对于人工智能的研究来说，最为核心的问题是：如何在这些重要的工作基础上生成所需要的智能策略去成功地解决问题达到预设的目标？这就是"谋行原理"的任务。

谋行，意为"谋划解决问题的行动策略"。许多读者可能有疑问，这本是"决策"的任务，为何称之为"谋行"？这些读者的印象没错。在过去的学术文献中，"谋行"的确曾经被称为"决策"。不过，如前所说，"决策"这一术语常常产生一种误解，以为"决策"就是在诸多备选策略中选择一种"最优策略"，把"决策"简化为"选择"，忽略了"如何谋划、如何生成"那些备选策略。事实上，"谋划"才是决策的基础，没有"谋划"就没有"选择"。这里把"决策"改称为"谋行"，目的就是突出"谋划策略"的重要性。

谋行原理执行的任务如下。

给定：①感知信息，它代表主体对待解问题的理解，包括关于待解问题的形态描述、效用描述和涵义描述；②一组相关的全知识；③问题求解目标。

要求：生成解决问题达到目标的行动策略(称为"智能策略")。

实现"谋行"任务的功能模型如图 1.9 所示。

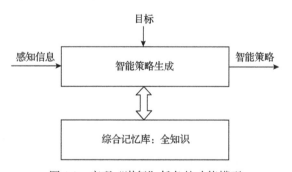

图 1.9　实现"谋行"任务的功能模型

由图 1.9 所示的模型可以看出，输入的"感知信息"实际上表示谋行原理的工作起点，而"目标"表示工作的终点，因此，关键的问题就在于如何有效地根据"全知识"提供的约束，实现从工作起点到终点的转换。具体来说，就是要有效地把输入的感知信息转换为相应的全知识，在此基础上，通过演绎推理，把这个全知识演绎成为向着目标前进的新知识系列，直至达到目标。

　　关于如何把感知信息抽象提炼为全知识的问题已在"认知"环节解决了。现在的问题是如何通过演绎推理把知识演绎到预设的目标(目标当然也可以看成是关于工作终点的全知识：目标的形态，目标的价值，目标的名称)。这样，这里要实现的过程就可以看成"全知识朝向目标的演绎路径"。

　　为此，需要考察在"谋行"的情境下，怎样才能以最优的方式在"全知识"群组中寻找"全知识朝向目标的演绎推理路径"？

　　幸好，我们这里面对的是由感知信息抽象提炼而来的"全知识"(而不是像传统人工智能研究中的形态性空心化的知识)，因此，可以利用全知识的"价值性知识"分量来引导全知识始终选择具有"最优的价值性知识"的方向演绎转换。这是因为全知识的"价值性知识"表达的就是"最有利于实现目标"的价值性知识。"最优的价值性知识"就是"最有利于实现目标的知识"。

　　这样，就可以得到图 1.10 所示的"朝向目标"演绎推理(知识转换)模型，也就是基于感知信息、全知识和目标的智能策略生成模型。

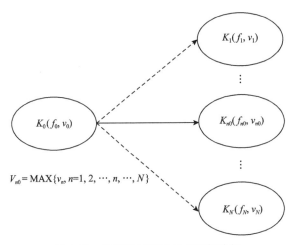

图 1.10　价值性知识引导的逻辑演绎

结合图 1.9 和图 1.10，"谋行"的过程可以解释如下。

　　步骤 1　图 1.9 输入端的感知信息(它代表了主体所理解的需要解决的问题)被认知过程抽象成相应的"起始全知识"或"0 级全知识"，后者包含形态性知识和价值性知识。

　　步骤 2　以"0 级全知识"为推理规则的起始条件(规则的左端)，按照图 1.10 的准则，在其相邻的各个全知识群中选择具有最大价值性知识的全知识(可以称为"1 级全知识")作为推理规则的推理结果(规则的右端)。

步骤 3　以第一次推理结果"1级全知识"作为新的推理起点（推理的左端），按照同样的准则，在其相邻的各个全知识群中选择具有最大价值性知识的全知识（称为"2级全知识"）作为第二次推理的结果（规则的右端）。

步骤 4　以"2级全知识"为最新的推理起点，按照同样的准则继续上述步骤，直至推出与目标（也是全知识）相同，或者与目标全知识之间的差异小到满足要求的"n级全知识"。

步骤 5　序列"0级全知识，1级全知识，2级全知识，…，n级全知识"就组成了成功解决给定问题达到目标的智能策略。

进一步应当注意到，在图 1.9 的演绎模型中，由于综合记忆库的"全知识"可能存储着不同的类型：本能知识、常识知识、经验知识、规范知识，因此，在利用上述演绎原理进行策略生成的时候，**不同的知识状况将会生成不同的智能策略**。

（1）如果提供的是本能知识和常识知识，生成的策略称为**基础意识策略**；因为，基础意识仅依赖于本能知识和常识知识。

（2）如果提供的是本能知识、常识知识和经验知识，生成的策略则称为**情感性策略**；因为基本的情感只取决于本能知识、常识知识和经验知识。当然，复杂情感、高级情感、扭曲的情感或伪装的情感也需要更加复杂的知识。这在人类社会的人际交往活动中并不罕见，但在人工智能的场合将不予考虑。

（3）如果提供的是本能、常识、经验和规范知识，生成的策略就是**理智性策略**。显然，生成理智的策略必须具备系统的知识，包括本能知识、常识知识、经验知识以及规范知识，甚至超越这些知识的"超常知识"。

人工智能系统生成的上述这些策略将在综合决策模块实现综合协调，使基础意识策略、情感性策略和理智性策略成为互相和谐默契的智能策略。相对而言，这种智能策略的综合协调比较复杂，考虑到本书的性质，这里不做介绍。有这方面特殊兴趣的读者可以参阅书后所列的参考文献（钟义信，2023）。

1.5.5　执行原理：从智能策略到智能行为的转换与优化

人工智能系统的下一个环节的任务是：把谋行模块生成的智能策略反作用于客体（解决问题），完成主体与客体相互作用的基本回合。更明确地说，是执行智能策略，并在执行过程中去优化智能策略，直到满意地完成目标为止。

执行原理的任务就是实现从"智能策略"到"智能行为"的转换。这个转换相对而言比较简单。任何控制系统和自动化系统都讨论过这种转换（也称"伺服原理"）。因此，这里从略。

不过，在实际应用中，由于系统的各个部分都存在"非理想性"，而且也不可避免地存在各种干扰，因此，基本回合所生成的智能策略和智能行为不可能完美无缺，智能行为反作用于客体所产生的实际结果与预设目标之间通常会存在误差。

可以理解，误差的存在就表示系统所生成的智能策略和智能行为还不够"智能"。而之所以智能策略和智能行为不够智能，必定是系统对"客体信息"的掌握还不够充分，导致所运用的"全知识"不够全面。因此，**应当把误差看成问题求解过程所提供的一种"补充性的客体信息"**，应当把它反馈到系统的输入端——感知模块进行进一步的处理。

到这里，我们可以再一次体会到信息学科范式"信息生态方法论"所要求的"形式-价值-内容"三位一体的重要意义：主体客体相互作用产生的误差应当包含"误差的形式因素-误差的价值因素-误差的含义因素"，只有这样，才能通过学习和分析误差的"全信息"认识到应当补充什么样的新信息和新知识。在补充了新的知识之后，就可以优化智能策略和智能行为，改善反作用的效果，缩小误差。这就是"误差反馈-学习优化"的环节。如果一次优化还不够满意，就需要进行多次"误差反馈-学习优化"，直到满意为止。

有时还可能出现这样的情况：无论进行多少次"误差反馈-学习优化"也达不到应有的效果。这就表明：当初人类智慧提供的"预设目标"不够合理。在这种情况下，就应当要求人类主体对此进行分析研究，修正预设目标，以期改善人工智能系统的工作效果。而人类主体通过这样的分析和研究，也得到了"改进自己认识"的机会，使"人类的智慧"得以修正、完善和深化。

通过以上感知、认知、谋行、执行、优化所得到的解决问题达到目标的智能策略，应当存入综合记忆库的"策略库"中，成为解决问题的宝贵的策略资源，供人类在未来的认识世界和改造世界活动中应用。

到这里，普适性智能生成机制——信息转换与智能创生定律——就完成了自己全部的工作过程。我们可以用图1.11来表示这个完整工作过程的系统模型，也就是基于普适性智能生成机制的通用人工智能理论的系统模型。

在图 1.11 模型中，唯一尚未提及的是"综合记忆库"，它存储着：人类设定的问题求解目标(G)、人类提供的求解问题所需要的种子知识以及系统在求解问题过程中所学习到的求解问题所需要的新知识(K)、人类从外部问题所获得的感知信息(I)、人类提供的某些先验策略以及系统在求解问题过程中所获得的新策略(S)。它是机制主义通用人工智能系统的综合性资源中心。

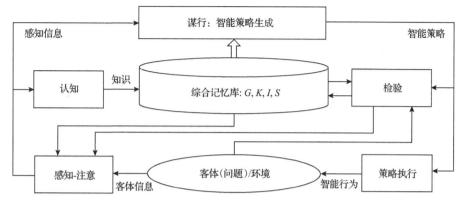

图 1.11　机制主义通用人工智能系统模型(钟义信，2018；2023)

正是图 1.11 所示的这样一个有机的整体，系统地执行了**以信息转换与智能创生定律为标志的普适性智能生成机制**。因此，这个模型可以名副其实地被称为**机制主义通用人工智能理论**(mechanism-based general theory for AI)的系统模型。为简明起见，可以用符号 m-GTAI 来记。

需要特别指出的是，目前人们对通用人工智能理论依然存在诸多误解，以为通用人工智能就是一个无所不包、无所不能的"巨无霸"系统。实际上，"巨无霸"式的人工智能系统是不现实的，即使强行实现，也必定不符合"可持续发展"理念。

这里强调的"通用"指的是智能生成机制的通用性，确切地说就是以信息转换与智能创生定律为标志的普适性智能生成机制的通用性。这就是人工智能理论研究中的"不变核"。面对千变万化的实际应用场景，解决这些千变万化问题的智能策略当然也必须相应地千变万化，但是，生成这些千变万化智能策略并成功解决这些千变万化问题的智能生成机制，却都是信息转换与智能创生定律！

这个"通用"涵义，应验了中国谚语说的"以不变应万变"和"万变不离其宗"，充分体现了"变中有不变"的辩证法。这才是本书"通用人工智能理论"的科学涵义，也是"信息转换与智能创生定律"这个普适性智能生成机制的重大意义。

本书以上的阐述已经从理论上显示：机制主义通用人工智能理论可以以普适性智能生成机制——信息转换与智能创生定律彻底结束现有人工智能各个学派"分而治之，分道扬镳"的局面；可以基于普适性智能生成机制——信息转换与智能创生定律——的通用人工智能理论结束现有人工智能"无法建立人工智能统一理论"的现状；可以基于普适性智能生成机制——信息转换与智能创生定律从根本上医治现有人工智能"缺乏理解能力和智能水平低下"的痼疾顽症。所有这些颠覆性变革，都是人工智能范式革命带来的结果。

下面用表 1.4 来总结机制主义通用人工智能理论与现有人工智能理论之间的区别。

表 1.4　机制主义通用人工智能理论与现有人工智能理论的比较

比较项目	现有人工智能理论	机制主义通用人工智能理论
科学观	机械唯物：只研究物质，禁绝主体介入	辩证唯物：主体客体的相互作用
方法论	机械还原：形式化(阉割)，分治(肢解)	信息生态：禁阉割，禁肢解，全局优化
全局模型	人工脑	主客相互作用生成的信息生态过程
研究路径	结构-功能-行为：三者分道扬镳	机制主义：普适性智能生成机制
生成机制	因场景而异	统一的机制：信息转换与智能创生定律
学科结构	计算机科学技术的应用分支	哲学与相关学科的交叉学科结构
数理基础	概率论，数理形式逻辑	因素空间理论，泛逻辑理论
基本概念	数据，形式化知识，形式化策略	全信息，全知识，全策略
决策准则	基于形式的匹配	基于内容的理解
通用能力	差	好
理解能力	差	好
可解释性	差	好
智能水平	差	好
小样本性	差	好

通过比较可以判断：**两类人工智能理论之间的区别不是指标数值上的差异，而是学术本质的变革，是物质学科范式统制与信息学科范式引领所造成的天壤之别！是两个时代观念之下的人工智能理论之间的隔代之别。**

将图 1.11 所示的机制主义通用人工智能理论系统模型和表 1.4 所显示的机制主义通用人工智能理论系统的基本特征结合起来，就深刻而清晰地表明：

(1)**人类智慧**是人类发现问题的能力(即人类根据目的和知识去发现和定义应当解决的问题的能力)，**人类智能**是人类解决问题的能力(即通过主体与客体相互作用所实现的信息转换与智能创生而解决人类智慧所定义的问题的能力)；**人工智能**是人类智能的机器实现。

(2)一个学科所遵循的科学观和方法论称为该学科的**范式**，它是引领和规范该学科研究与发展的最高指南。在任何学科的研究实践中，**范式永远不能缺位**。

（3）鉴于新兴学科**范式建构的滞后规律**，人工智能的研究借用了物质学科的范式；借用的范式造成人工智能研究既无统一理论（分而治之），又无真实的智能（纯形式化）。**人工智能的范式革命**（总结信息学科范式，取代物质学科范式）是走出困境的唯一出路。

（4）信息学科范式破天荒地揭示了**普适性智能生成机制——信息转换与智能创生定律**，由此在历史上首次建立了**机制主义通用人工智能的基础理论**，一举扫除了传统人工智能所固有的诸多顽症。

（5）信息学科范式首次阐明：通用人工智能的"通用"乃是**以不变的智能生成机制成功应对千变万化的应用**，而不是某个拥有无限知识和资源的"巨无霸"式大系统。

（6）机制主义通用人工智能系统求解问题的过程，印证了一个深刻的哲理："**人类在认识世界和改造世界的过程中，不但改造和优化了客观世界，同时也在此过程中不断改造了人类的主观世界，从而能在更高的水平上去进一步认识世界和改造世界**"。

这就启示了：在富有智慧的人类主导下，信息学科范式引领的人工智能科学技术的研究、发展和应用，不但可以为人类获得越来越好的生存与发展的机会，而且可以使人类主体、人工智能和环境客体相互依存、相互促进、相得益彰，形成"人-机-物"三者在人类主导下不断走向更加和谐美好且越来越令人向往的新世界。

第2章 泛逻辑学

什么是智能？广义地说，智能是生物在自然条件下形成的一种高级信息处理能力，它是认知主体为实现自身目标，运用主观能动性和知识去认识和改造世界，进而完善自身的综合能力(何华灿，1988；钟义信，2013；何华灿等，2023)。**传统计算机是人造的低级信息处理系统，无法自然形成智能，须靠人工赋予。** 例如，主-客体都是完全确定不变的，智能无法生成和演化。任何智能(人类的、动物的、其他生物的)都只能在不确定的变化环境中自然形成和演化。传统计算机能按照程序安排解决一类确定的问题，它遇到程序中没有规定的情况，就无法应对了。**智能生成的最佳环境一定是"主-客体"都可演化。所以，人必须把智能的生成演化机制赋予传统计算机，才能成为智能计算机。** 要一般性地回答什么是智能，进而回答智能的逻辑基础是什么。必须从认知主体和它面对的客体(生存环境)的本质属性入手(何华灿，2018；汪培庄，2018；钟义信，2018)。研究表明，自然智能的基本属性是不断学习演化，它们共同的逻辑需求是数理辩证逻辑，这是作者创立泛逻辑学(universal logics)(何华灿等，2001)并运用其研究广义智能(何华灿等，2021；汪培庄等，2021)的根本原因。

从智能科学的本质特征来说，当前的人工智能研究在方向和路线上都出现了问题，如果不及时纠正，后果不堪设想。因为人类创造智力工具的目的如同统帅部选拔参谋，他不仅必须业务能力全面，忠诚可靠，而且能把统帅的意图完美地付诸实施，能按照统帅的需求，快速提出目标明确、因果关系清晰的作战方案，以供决策参考。当前人工智能的主流方法是依靠深度神经网络进行的深度学习，它完全偏离了统帅部对参谋的上述要求。深度学习凭借大数据和云计算，不惜耗费巨大的人类资源，用蛮干代替巧干，生成一些根本无法理解的黑箱结果。而这些黑箱结果都是一些似是而非的鹦鹉学舌式重复已有的东西，不仅没有针对作战需求和实现环境的任何独立创见，更可笑的是它自己都不知道自己说了些什么，又怎么能够指望它对自己提出的方案负责。不难设想这样的人类助手(智力工具)，除了制造"智能幻觉"还能有什么实质性的贡献？

为什么人工智能学科经过 70 多年的探索仍然停留在给公众制造"智能幻

觉"的层面？究其根源是"图灵测试"的误导。尽管目前计算机是研究人工智能的物质平台，但两者有本质差别，不能混为一谈。人类（包括动物）之所以有智能，离不开生存目标引导下的主观能动性，离不开理解环境基础上的趋利避害，属于**自觉的智能**；生物在 DNA(deoxyribonucleic acid, 脱氧核糖核酸)层面拥有自动识别环境、适应环境和改造环境的能力，是通过自身的遗传变异和环境的优胜劣汰实现的，属于**自发的智能**，而计算机只有人类赋予的按照事先编制好的程序严格执行的能力，本身**没有任何智能**，必须由人类重新赋予。图灵用"中文房间"来测试机器智能的想法，不是想办法如何赋予计算机以智能，而是**让计算机制造"智能幻觉"**，以至于人工智能工作者为了回避智能中必不可少的理解信息内容和价值的难题，从纯粹依靠形式信息的统计关联关系到大数据和云计算，从模式匹配到大模型，尽管系统规模越来越大，开销呈几何级数增长，但其偏离创立人工智能学科的初心（把部分人类智能机制赋予计算机）也越来越远。如果人类创造的智力工具只能像魔术师一样表演"智能幻觉"而无实质性智能，它怎么可能在人类认识世界和改造世界的过程中发挥得心应手的助手作用？

为摆脱当前人工智能发展的困局，本章将重点论述以下根本性问题。

(1)图灵机（即递归函数）只能按照确定不变的规则一丝不苟地执行，没有自然智能特有的不断认识环境、适应环境和改造环境的能力，更没有人类利用主观能动性进行创造发明的能力。而这些是智力工具应该有的基本能力，是先辈们在计算机科学之外重新创立人工智能学科的初心。作者提出**高阶图灵机模型**，可把这些自然智能的特殊机制部分地赋予计算机，使其成为人类需要的智力工具，而不是只能制造智能幻觉的儿童玩具。

(2)用辅人律、拟人律、共生律和简约律来规范人-机关系。明确人和机器都各有其优缺点，需要取长补短，优势互补，目的是增强人类认识世界和改造世界的整体能力；人是主宰，机器是助手，主从关系不能颠倒，更不能把人变成机器的奴隶；根据实际需求，机器只需要模拟人类的部分智能机制即可，全面超越人类的机器人不可能出现，也没有必要研制。

(3)传统的**数理（形式）逻辑**只能描述理想世界中的信息处理规律，它必须全面受到"非此即彼性"约束，仅适用于各向同性的理想环境。而人工智能面向的客观世界通常都是各向异性的现实环境，其中存在"亦此亦彼性"，甚至"非此非彼性"，是一个对立统一体。需要用**数理辩证逻辑**来描述其中的对立统一的信息处理规律。它与数理形式逻辑不同，在"概念、判断、推理"之外，增加了"时空定位机制"，以便包容现实世界中各种矛盾属性（即到什么山头唱什么歌）。何华灿团队创立的泛逻辑学是研究各种逻辑共性规律的科学，它以标准逻辑（数理形式逻辑）为核心，逐步放开约束条件向外扩充，一步步地包容各种非标准逻辑，最后形成像门捷列夫元素周期表一样的逻辑谱（逻辑运算完整簇），各种逻辑（包括已有的和可能存在的）都在谱中有相应的位置，其位置参数就是该逻辑的特征参数。所以泛逻辑是一个逻辑生成器，它可按照人工智能系统应用场景的需求（特征参数），生成相应的逻辑算子使用。他们还证明：泛逻辑算子和柔性神经元之间存在一体两面关系，是完全等价的。所以，神经网络的可解释性本来是存在的，是目前的神经网络理论破坏了它。由此可见，泛逻辑是全面而无死角地支撑通用人工智能理论的逻辑基础理论。

2.1　逻辑学自身发展的基本规律

逻辑学是研究主观思维活动规律和客观世界信息处理规律的一门古老学科，已有数千年历史。东西方逻辑思维传统一直存在差异，开始是同时并存，独立发展，平起平坐。工业化时代西方的逻辑传统及其排他性得到充分展现，成为主流逻辑学派，独霸科学舞台。智能化时代以来西方逻辑的局限性充分暴露，东方逻辑传统的优势及其包容性逐步展现，大有主导科学舞台的趋势。

2.1.1　当前逻辑学自身发展的方向

1. 两类四种逻辑

从最基本的逻辑分类体系看，按研究对象的不同，逻辑学可分为**形式逻辑**和**辩证逻辑**两大类：①**形式逻辑**只考虑命题的外在形式（真或者假），而不管命题的具体内容，其立论基础是排斥一切矛盾和不确定性，只研究全面受到"非此即彼"约束的确定性命题；②**辩证逻辑**需同时考虑命题的形式和命题的内容及命题内容之间的关系，承认辩证矛盾的客观存在，可研究部分逻辑要素具有"亦此亦彼性"甚至"非此非彼性"的不确定性问题。这两类逻辑的原始形态都是用自然语言描述的，如果改用数学语言描述，就称为**数理形式逻辑和数理辩证逻辑**，所以有四种不同的逻辑。

2. 东西方的逻辑思维传统的根本差异

西方的逻辑思维传统一直主张排斥所有的矛盾，独尊形式逻辑。中国的逻辑思维传统一直认为，现实世界中的"矛盾"有逻辑矛盾和辩证矛盾，不能不加区别地一概排除。逻辑矛盾是所有理论体系中的逻辑缺陷，理应排除；辩证矛盾是客观事物的存在状态，是一种必须考虑的逻辑要素，通常不允许排除。更重要的是，辩证矛盾是事物发展变化的内在动力，不确定性和演化是辩证矛盾的外在表现，矛盾双方是同时存在的，根本不可分割。春秋战国时期出现的《道德经》《孙子兵法》与中医药理论和临床，以及南北朝时期出现的《三十六计》，都非常重视辩证矛盾的对立统一和相互转换。这是**东西方逻辑思维的分水岭**：西方的形式逻辑只研究排斥辩证矛盾的理想世界，并试图用理想世界去规范现实世界；东方的辩证逻辑研究存在辩证矛盾的现实世界，承认理想世界是现实世界的一个特例。

3. 数理形式逻辑一统天下的局面

由于工业化时代的迫切需要，数理形式逻辑开始形成和快速发展，在其诞生后的数百年中，形式逻辑的排他性发展到极致。在西方学界出现了**"唯有形式逻辑才是逻辑，唯有建立在形式逻辑基础上的学说才是科学"**的排他主张，进而通过"李约瑟之问"（李约瑟难题）认定中国古代没有逻辑，更没有科学。他们直接把中国古代的辉煌科学成就和辩证逻辑的优良传统全部否定，最终形成了形式逻辑和辩证逻辑水火不容的对抗局面。其实，纯粹的形式逻辑在应用中是不完整的，因为形式演绎的结果只能对演绎过程的大前提负责：大前提为真则结果真；大前提为假则结果不确定（可真可假）。所以，西方人在用形式逻辑建立一个理论体系时，都必须预先确定一个公理集合作为形式演绎的基础平台和出发点。而其中的公理从何而来？它只能从人类有限的经验知识中通过辩证逻辑获得（归纳或假设），这意味着只有辩证逻辑和形式逻辑紧密配合才能建立理论体系。西方学者却凭空说公理是不证自明的命题，这是在掩耳盗铃。作者提出"反李约瑟之问"，证明中国古代不仅有遥遥领先的科技，而且有包容性强的辩证逻辑。

4. 智能科学迫切需要数理辩证逻辑

人工智能的早期研究已雄辩地证明，数理形式逻辑存在应用局限性，它只能描述理想化的确定性问题，智能科学研究需要面对现实世界中的各种不确定性问题，迫切需要数理辩证逻辑的支撑。作者通过数十年泛逻辑学的研究，业已证明，不仅数理辩证逻辑能够逐步建立起来，且它与数理形式逻辑不是对抗关系，而是一个对立统一的有机整体。如果把泛逻辑比喻成一颗生长中的大珍珠，那么数理形式逻辑就是珍珠的结晶核心，数理辩证逻辑是围绕在珍珠核周围的一层层不断增长的珍珠质，显然，形式逻辑的排他性是狭义的，辩证逻辑的包容性才是逻辑学的本质属性。**可见智能时代逻辑学发展的方向是：在排除逻辑矛盾的同时，根据现实问题的需要，包容各种不同形式的辩证矛盾(不确定性和演化)，这是逻辑学界渴望多年的数理辩证逻辑的历史使命。**

2.1.2 逻辑学中的基本环节

1. 两类逻辑中的基本环节有所不同

(1)**形式逻辑的研究对象是各向同性的**。它只有**概念、判断、推理**三个基本环节，其概念是原子概念，只有真、假两种状态，判断只有真、假两个结果，推理是二值推理。

(2)**辩证逻辑的研究对象是各向异性的**。在不同的区域、不同的时空性质会有所差异，所以增加了第四个基本环节——**划分与时空定位机制**，其中的概念是分子概念，真假之间存在中间过渡状态，判断结果是多值的，推理也是多值推理。**辩证逻辑能够处理不确定性问题，其核心机制就在这里。**

2. 各向同性是各向异性的特例

在中医理论中早就有相生相克的理论，类比到人际关系中就是朋友(相生)关系和敌我(相克)关系，而在朋友关系中又可分为相互吸引关系和相互排斥关系；在敌我关系中又可分为冷战关系和热战关系。这些不同关系的性质显然是不同的，需要不同的逻辑运算来刻画，即用划分与时空定位机制来区别对待。否则要有无穷多种形式逻辑来分别描述，根本不现实。例如，万年历和潮汐表只对现代地球人管用，对上下五千年之外的地球人无效，对广阔无垠的宇宙更是无稽之谈。正确的认知只能是这样：整个宇宙时空是各向异性的非线性系统，其中的局部时空可近似看成各向同性的线性系统，如同欧几里得几何只能在各种非欧几何的局部空间内近似有效一样。对立统一关系是事物的本质属性，绝对对立关系是一种近似性认知。

3. 波粒二象性的逻辑学意义

有史以来，尽管数学的发展过程充满辩证矛盾，层出不穷的悖论给数学带来了无数次大小不同的理论危机，每一次危机的持续时间从数十年到数百年不等，有的至今尚未解决。为什么会如此频繁地出现理论危机？因为一直以来主宰数学的是形式逻辑，它容不得任何矛盾的存在，而自然和人的认识都是充满辩证矛盾的。物理学的理论体系既要受到形式逻辑的约束，又要尊重客观世界的实际规律。在各种观测数据的支持下，在量子力学中首先确立了量子的波粒二象性。这是一个伟大的事件，对于人类的认知、对于许多学科的理论走向都具有转折点、分水岭和大一统的意义。因为，从逻辑意义上看"波粒二象性"就是个悖论，它能够被物理学堂而皇之地接受，说明悖论本质上是一个辩证矛盾表达式，它代表一个对立统一体的客观存在，而不是逻辑矛盾。所以，悖论不应该也不可能被排除。于是，人类的理性思维摆脱了形式逻辑的束缚，思路豁然开朗起来，开始接受连续和离散的辩证统一、运动和静止的辩证统一、有(1)和无(0)的辩证统一等，进而为各种理论体系的大一统走向铺平了道路。例如，在公理集合论中引入实无穷与潜无穷的辩证统一，建立统一公理集合论；在微积分中引入 dx 是 0 又不是 0 的辩证统一，把非标准分析和标准分析统一为一个数学分析理论；在物理学中引入绝对运动等于绝对静止的概念，把相对论和量子力学统一为一个物理学理论；在几何学中引入点的长度为 0 又不为 0 的辩证统一，把非欧几何和欧几里得几何统一为一个几何学理论等。

2.2 逻辑学研究对象的基本属性

逻辑学的研究对象包括客观世界和主观世界。客观世界一般指天、地、生，主观世界一般指人类思维活动，也可扩大到人类社会活动层面，因为人类社会是按照全体人类的主观意愿建立起来的。从整体和全局的时空看，这些对象都是从无到有(从 0 到 1)不断演化发展的，没有一个对象是一开始就存在并永远确定不变。"确定不变"的属性(如种豆得豆，种瓜得瓜；鸡生蛋，蛋孵鸡等因果循环)仅仅是在狭小时空范围内的一种近似性认知(何华灿等，2023)。

2.2.1 客观世界的基本属性是演化

对客观世界万事万物的基本属性，可从多个层面进行考察。

(1)我们的宇宙是 140 亿年从针尖大的奇点大爆炸不断演化形成的。根据宇宙演变的标准模型，宇宙大爆炸过程为：奇点爆炸→时空在极高温下暴胀→高温混沌→冷却有序→原始星系形成→地球生命系统涌现→人类诞生→现代宇宙。

（2）**地球系统在太阳系中不断演化形成。** 太阳于 50 亿年前诞生在原始太阳星云中，它是银河系内的恒星。地球作为行星起源于 46 亿年前的原始太阳星云。月球是 45 亿年前地球被小星球撞击时分裂出去的，它从环绕地球的环状尘埃逐步凝聚成为地球的卫星。

（3）**地球生命系统是从无到有演化形成的。** 随着地球表面温度的下降，在 38 亿年前的某些小水域中出现了前生命物质，然后开始了生命的演化进程：真核生物→多细胞植物和多细胞无脊椎动物→有外骨骼的无脊椎动物和有钙化组织的藻类植物→陆地植物和陆地动物构成的陆地生态系统。其中经历了若干次物种灭绝和物种大爆发，终于在 1000 万年前走上了人类诞生的高峰。人类演化最突出的特点是它从生物学演化为主上升到以社会学演化为主的更高阶段。

2.2.2　主观世界的基本属性是分析

主观世界又分为人脑思维层次的个人认知空间和人类社会层次的集体认知空间（何华灿等，2023）。

1. 人脑思维进化的三个层次（阶段）

人是万物之灵，要研究广义的思维（包括各种认识主体的信息处理能力）的规律，人脑是最完美的参考对象。根据人脑思维的层次结构，可对比分析自然形成的动物脑的思维水平、生物体的信息处理水平和人造计算机的信息处理水平。

（1）**感性思维阶段。** 感性思维是脑思维发展的初级阶段，是动物和人类都具有的感知阶段，不同动物的感知能力各有所长，人类的感知能力最全面。在这个阶段，思维主体面对的是客观世界中的具体事件域，它具有最原始的条件反射属性。思维主体通过关注个别事件的具体表现，记住各种事物的各种表象、自己的应对行为、效果等，其思维的全过程就是对一个一个具体事件的观察、记忆和联想。用计算机来模拟这个阶段的思维过程就是：在数据库中记录下整个事件的输入条件 A 和输出 B，一旦再次出现输入条件 A，就直接在数据库中提取对应的输出 B。这类操作过程可用刚性逻辑完全描述，通过传统的计算机程序来按部就班地完成，没有任何困难。

（2）**知性思维阶段。** 知性思维是脑思维发展的中级阶段，主要是人类拥有，其他高智商动物也只有少许萌芽，植物、微生物和计算机根本没有（计算机可接受人的部分赋予）。在这个阶段，思维主体面对的是客观世界中具有某种固定规律的理想对象域，它具有各向同性的理想化属性。主体通过对概念的抽象和概念之间关系的分析综合进行思维，完成从对个体群的感知到群体概念的抽象，从完整的表象群到抽象概念因果关系的规定。其思维的全过程是概念、判断和推理，所以仅在理想化的环境中具有普适性。用计算机模拟这个阶段的思维过程，首先是在知识库中记录下因果关系 $A \rightarrow B$，如果输入条件是 A，就调用知识库中相应的规则 $A \rightarrow B$，通过逻辑演绎得出结论 B。这类操作过程可用刚性逻辑完全描述，通过传统计算机程序按部就班地完成。

(3) **理性思维阶段**。理性思维是思维发展的高级阶段，只有生活在人类社会中的现代人类才有可能拥有(计算机可接受人的部分赋予)。思维主体面对的是由各种复杂性系统构成的整个客观世界，它具有各向异性的非线性属性。思维主体通过对概念辩证本质的分析综合进行思维，完成从思维抽象到思维具体、从抽象规定到抽象具体的回归。其思维全过程是在划分和时空定位机制控制下的概念、判断和推理四部曲，在各种现实的环境中具有普适性。用计算机来模拟这个阶段的思维过程，需要首先确定对象所在的时空环境，按照对象的具体情况进行辩证论治，对症下药。这个过程必须通过数理辩证逻辑来精确描述，通过智能计算机完成。

2. 关于各种信息处理系统的能力

(1) **关于生物的信息处理能力**。植物和微生物都没有神经网络，所以没有动物那样的脑思维能力。这些生物的信息处理能力储存在生物的基因组中，属于生物本能的一部分，表现为对生存环境的识别和适应能力、在生长发育过程中的自组织和自协调能力、抵抗病虫害的能力等。

(2) **关于计算机的信息处理能力**。当今所有的智能机，其核心信息处理部件都是电子数字计算机。计算机的全部信息处理能力都是人设计制造出来的，如计算机的基本信息处理能力是在设计制造时由有关人员按照既定的规则赋予的，它由硬件结构和操作系统两部分相互配合共同完成。使用计算机解决某个特定问题的信息处理能力是由使用者赋予的，其必要条件是使用者需要知道这个特定问题的算法解，能用操作系统可接受的语言编写实际可计算的程序，事先存入计算机内。这样，计算机在开机运行后就可按照程序的安排，按部就班快速有效地解决问题，输出结果。计算机的信息处理能力就是按照使用者的程序安排快速执行，它自己无法在自然条件下自动生成，更不能在工作过程中自我演化。也就是说，**计算机就是一个只会照章办事的呆板机器**，这是计算机信息处理能力与生物信息处理能力的**本质差别**。

3. 工具的创新是人类文明进步的主要推手

（1）**工具和人类文明进步的关系**。从黑猩猩到智人的演化主要靠**生物学进化**，这期间人体各个器官特别是大脑皮层有了明显的改变。此后人类进化的速度呈数量级加快，主要表现在**社会学进化**方面：数万年来工具的发明和广泛应用推动人类文明的不断进步，大大提高了人类认识世界和改造世界的能力，提高了人脑的智能水平，丰富了人类文明的内涵。可见**工具创新和广泛应用，是推动人类社会文明进步最活跃的革命性力量**。

（2）**工具演变的三个时期**。人类发明工具的历史有三个明显不同的时期：**人力工具时期**（human tool period），如旧石器、新石器、木器、陶器、青铜器、铁器等；**动力工具时期**（power tool period），如蒸汽机、机床、火车、轮船、电动机、汽车、飞机、核动力装置等；**信息工具时期**（information tool period），如电报机、电话机、计算机、机器人、通信网、互联网、物联网、各种人工智能系统、智能机器人、自主机器人等。

（3）**人和工具的关系分析**。人-机关系满足以下四大定律（何华灿，1988；钟义信，2013；何华灿等，2023）（图 2.1）。

①**辅人律**。人的能力在理论上是可不断增长的，没有上限。人类为什么还要创造工具呢？因为人是一种生物，某些能力的增长必然受到生物学基本属性的约束，如人的寿命、肢体强度和力量、持续工作时间、响应刺激的速度、大脑记忆力、思维速度，人类能力增长的速度远远跟不上需求增长的速度，人无法在恶劣有害的环境下工作等，而人创造工具的速度远远高于人类自身能力增长的速度。人类发明各种工具的目的是延伸和增强人的某种能力，突破人类自身的局限性，以便用工具代替人去完成那些自己无法独立完成的任务，把人从烦琐的、简单的、危险的体力劳动和脑力劳动中解放出来，把人类的有限精力集中用于更加富有创造性、更加安全有效、更加轻松愉快的工作中去。这种人-机分工一定会极大地增强人的综合能力。

②**拟人律**。人设计工具的基本工作原理首先会参考需要延伸和增强的人类器官的工作原理，但没必要完全模仿这些器官。例如，飞机设计就未模仿鸟类翅膀，仅利用了翅膀产生升力的空气动力学原理。所以，拟人律的含义是广义的，一般指基本功能和基本原理。当然，有些应用场景需要直接仿真人的外形、结构、动作、声音和表情等。

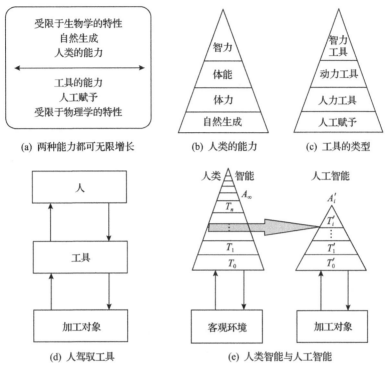

图 2.1 人-机关系的分析用图

③**共生律**。人-机之间的关系是不平等的，人驾驭工具，工具直接作用于加工对象上，人是主宰，工具是执行，**两者共存，但主从关系不能颠倒**。工具的某些能力超过人类的对应能力是必然的，这是人类创造工具的初心。由于工具的能力纯粹是人赋予的，它只能在人直接或间接驾驭下工作，所以，工具的能力绝对超越不了人类的综合能力，更不可能反过来统治人类。**任何事物都有一个基本属性和正反两个应用属性，正确使用工具它就能够辅人，不当使用工具它就会伤人，这是改变不了的客观规律**。错误使用工具的问题，是人类自己的问题，与工具本身无关。

④**简约律**。尽管发明各种工具的目的是延伸和增强人的某种能力，但任何工具的功能设定都应遵循简单实用原则，能突出模拟重点功能即可，不必全面模仿人的这种能力。例如，刀用于切割，剑用于杀伤，弓箭用于穿透，等等。所以，**任何一个人工智能系统的功能设定，都是人类智能的真子集**。例如，起重机的功能是代替人搬运重物，但它没有完全模拟人的手提、肩挑、背扛等形式，而是采用了大吊车、桁吊、叉车等最简约的形式。

为了更深刻理解这四大定律，下面介绍作者提出的高阶图灵机原理。

高阶图灵机和智能计算机。如何刻画人类智能集合？如何刻画机器智能子集？前者需要突出人类智能可无限增长。后者需要突出机器智能是简单实用的真子集。众所周知，计算机的使用功能是通用的，使用者通过编写不同的工作程序，让计算机解决不同的问题。但不管是什么工作程序，它都是一个单层图灵机（递归函数）。而图灵机（递归函数）的本质属性是按照控制规则办事，不可能在工作时临时修改控制规则随机应变，更无法学习演化。所以，要把人类在工作过程中随机应变、归纳学习、实现智能演化等智能能力赋予计算机，必须改变图灵机（递归函数）的呆板属性，把多个图灵机层层重叠起来，形成高阶图灵机 $A_n = \{T_0, T_1, T_2, \cdots, T_n\}$，其中 T_1 可根据工作效果修改 T_0 的控制规则，类似地，T_2 可修改 T_1 的控制规则……，T_n 可修改 T_{n-1} 的控制规则，从而变成了可在线随机应变、学习演化的智能计算机（如图 2.1（e）所示）。其中，人类所拥有的全部智能（包括过去、现在和未来）用一个无限高阶图灵机 $A_\infty = \{T_0, T_1, T_2, \cdots, T_\infty\}$ 表示，按照简约律，智能计算机需要突出模拟的那一部分智能用有限高阶图灵机 $A_i' = \{T_0', T_1', T_2', \cdots, T_i'\}$ 表示，它是人类智能的真子集。**主从关系的确立和真子集的明确**，使人们对人工智能的恐惧心理自然消除。至于**工作岗位的人-机博弈**，历史早已证明：先进工具的出现，会暂时剥夺一部分人的工作岗位，但随后一定会创造更多的工作岗位，只是有个时间差而已。这是**工具更新推动人类社会文明进步的阵痛，阵痛难以避免，但工具新老更替带给社会的活力是数量级的提升！**

（4）**智力工具的最大特征**。智力工具不同于人力工具、动力工具和初级信息化工具。人力工具、动力工具和初级信息化工具的共同特点是确定性：它们面对的应用需求、工作职能、工作原理、内部结构、行为方式都是确定不变的。在设计、生产、使用和维护过程中都可用决定论科学观完全把握，用还原论方法论有效处理，用"非真即假"的语言严格描述，用刚性逻辑精确求解。而智力工具的最大特点是不确定性，"智能"是人脑认识世界、改造世界进而改造自身的能力，它可通过社会实践和科学研究而不断提高，永远不会停留在一个原始状态而一成不变。它不仅能处理各种不确定性和演化，且本身的智能水平也可不断演化。可见，研制能演化的智力工具是人类面临的前所未有的巨大挑战，它将成就人类前所未有的伟业！

4. 科学范式演变的三个时期

科学范式就是科学观和方法论的总称。按照占统治地位的哲学观念不同，人类有史以来科学范式的演变大致经历了三个完全不同的时期。

(1)神授论时期。17 世纪以前，普遍认为**自然界的一切都是神的意志和安排**：神能够主宰一切，人只能默默承受神的安排，人与万物在神的意志面前没有任何主导权。当时还没有形成科学观和方法论的概念，更谈不上科学范式，有的只是各种神学，不过其中也包含了古人认识自然和社会的朴素的哲学观念和方法。

(2)决定论时期。18 世纪以后，以伽利略、牛顿、爱因斯坦为代表，发现了自然变化的内在规律，确立了自然法则(牛顿的三大定律、爱因斯坦的相对论等)，奠定了现代科学技术的基础，于是决定论科学观和还原论方法论正式形成。决定论明确提出**确定的自然法则决定了世间的一切事物，时间没有方向性**，是可逆的。**不确定性是一种近似认知，科学将终结于确定性**。还原论明确主张在认识和解决一个复杂事物时，可用**分析与综合法**，把整体分解开来进行部件分析，然后把部件的功能再综合起来成为整体的功能，简称为**分而治之**。

(3)**演化论时期**。20 世纪中叶以来，以普里戈金等为代表(普里戈金，1998)，发现了非平衡物理学和不稳定系统动力学的规律，确立了以演化为中心的新自然法则，证明了时间的方向性，它不可逆(任何人的生命轨迹只能是诞生→成长→衰老→死亡)。**演化论认为不确定性是自然的本质属性，确定性是一种近似性认知，科学永远不会终结。辩证论主张在解决复杂问题时要把对象看成是不可分割的整体，用辩证论治、对症下药的方法进行个性化处理。**演化论为复杂性科学、信息科学和智能科学的形成和发展奠定了思想基础。

由此可见，哲学上只有两种不同的科学范式：一种是**机械唯物主义的科学范式**，它由决定论科学观和还原论方法论组成，简称为**决定论科学范式**。其适用的对象是封闭的简单机械系统，在工业革命时期特别盛行；另一种是**辩证唯物主义的科学范式**，它由演化论科学观和辩证论方法论组成，简称为**演化论科学范式**。其适用的对象是开放的复杂性巨系统，在信息革命时期开始盛行。**这两种哲学层面的科学范式广泛适用于指导人类社会生活的方方面面**，如战争、商业、医疗、科研、生态等，具体到不同学科和各行各业的研究对象，**会特化为不同的学科范式或行业范式**。由于各个学科和行业研究对象的特殊性，其范式必然会有其特殊的丰富内涵。

值得注意的是，不管什么学科或行业，只要是封闭的简单机械系统(如电话机、电报机、计算机等)，都必须接受决定论科学范式的指导。只要是开放的复杂性巨系统(如宇宙时空、生态系统、全球气候系统等)都必须接受演化论科学范式的指导。不管是什么学科和行业的特殊范式，都绝对不能凌驾于科学范式之上。也就是说，哲学层面的科学范式是至高无上的，两种不同的科学范式是对立统一的，必须同时并存，各司其职。

信息化时代和工业化时代科学发展的趋势正好相反：工业化带来的是科学体系从上而下越分越细的专业化分割研究；信息化带来的是科学体系从下而上越来越广的整体综合研究，建立大一统理论体系成为每一个大学科发展的使命和归宿，这必然促进科学研究范式正在发生深刻的变革，从决定科学范式转换到演化论科学范式。

2.2.3　智能在现实环境中形成和演化发展

在理想世界中，因为一切都是由确定不变的规律控制的，有者恒有、无者恒无、真者恒真、假者恒假，所以，只要能判断有/无、真/假，一切按照既定的规则办事即可，不需要什么智能。人类之所以会产生智能，因为人有目的性，有在目的驱使下的主观能动性，需要根据周围环境的状况和变化趋势，在已有经验启发下选择最有效的途径和方法，对环境做出对自己最有利的响应。若响应失败了，还可从头再来反复试探下去，并通过这些经验教训的积累进行学习提高，不断完善自身的智能。所以，人的智能就是在不断地"**识变、用变、求变、自变**"中形成的，目的是有利于人类自身的生存和发展。如果一切都确定不变了，智能也就没有存在的必要了。更深层的哲学信念是：人们相信世间万事万物都处在不断演化发展的过程中，时间是矢量，过去、现在和未来扮演着完全不同的角色，**不确定性是客观世界的本质属性，确定性才是人在局部环境中的短暂时间内产生的"近似性"认知**。人类认知的前进大方向是不断消除这些"近似性"认知，精准把握各种不确定性在生态平衡中的演化发展规律和各种影响，理想化只是一种在特殊情况下允许使用的权宜之计，根本不可能"放之四海而皆准"。

图 2.2 进一步对比分析了理想世界和现实世界的差异（何华灿等，2023）：

在理想世界中，论域是各向同性的封闭时空，其中的万事万物都是一些对立充分的真/假分明体，真者恒真，假者恒假；有者恒有，无者恒无；动者恒动，静者恒静……；即其中的一切逻辑要素都严格受到"非此即彼性"约束。所以，其中任何一个事物（概念）都可用刚性集合 A 描述：若点 u 落在集合 A 中，则 $u\in A$ 是真命题；若点 u 落在集合 A 外，则 $u\in A$ 是假命题；若点 u 落在论域之外，则 $u\in A$ 无定义（$\bot$）。刚性逻辑就建立在这样的逻辑环境中，它排除了真(1)、假(0)之间的所有中间过渡值，大大简化了逻辑推理的复杂性，在传统数学和计算机科学等方面有广泛和有效的应用，具有理想环境中的普适性。

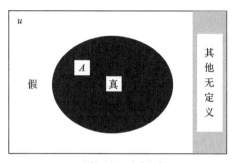 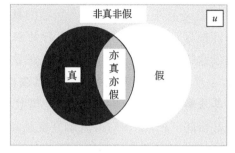

(a) 理想世界：非真即假   (b) 现实世界：都有可能

图 2.2　两个不同世界的差异分析

在现实世界中，情况要复杂许多。因为**世间万事万物都是不断演化发展的对立统一体，推动其演化发展的原动力是内在的辩证矛盾，其外在表现是不确定性**(包括亦真亦假和非真非假性)。所以与数学和计算机科学不同，在智能科学中，一般不允许把现实问题抽象为全部逻辑要素都受"非此即彼性"约束的理想问题，某些重要的不确定性必须保留，否则就不称其为智能问题了。所以，在现实世界中，不仅存在可用刚性集合和刚性逻辑描述的真/假分明体，且存在更多的是真/假共存的对立统一体，它们一般都具有"亦此亦彼性"，需要用柔性集合和柔性逻辑来刻画；由于复杂性系统中的涌现效应，**偶尔还会出现新生的变异体**，它与原来系统中的元素完全不同，具有"非真非假性"，属于域外不动项，需要用超协调逻辑来刻画。例如，在实数域中解一元二次方程，会突然冒出并非实数的方程解(含有 $\sqrt{-1}$ 的成分)。从运算的封闭性看，方程的所有解都应该是实数(真)；但按实数的定义看，这种解根本不是实数(假)。又如电子商务，它是在网络时代涌现出来的新生事物，在原来的商业模式中它既不合法(假)，也不违法(真)。

2.3　人工智能研究实践证明它需要泛逻辑支撑

2.3.1　创立人工智能学科的初心

人工智能学科能够在 1956 年诞生，得益于计算机科学中算法危机的发现(何华灿，1988；何华灿等，2023)。

1. 计算机科学的算法危机

众所周知，计算机应用遵循的模式是"数学+程序"，其解决问题需满足三个先决条件：①能建立该问题的**数学模型**；②能找到该数学模型的**算法解**；③能根据算法解编写**实际可运行的程序**。这是计算机应用必须满足的"三能"，都没逾越刚性逻辑的约束。但是，理论计算机科学却研究发现了智能算法的"三绝"：①绝大部分人的智能活动**无法建立数学模型**；②绝大部分数学模型**不存在算法解**；③绝大部分算法解是指数型的，其程序**实际不可计算**。计算机应用的必需的"三能"，对应人脑智能活动算法的"三绝"，直接把应用计算机来解决智能模拟问题的道路堵得死死的！这就是 20 世纪 50 年代困扰理论计算机科学和计算机应用的"算法危机"。

2. 电脑和人脑的关键差别

人脑可解决的许多问题，电脑的数学+程序应用模式却无能为力，这说明什么？说明计算机虽然被称为电脑，但是它相对于人脑的智能来说，确实很不聪明。同样都是在进行信息处理，为什么会有如此大的差异？因为**图灵机(递归函数)是只能按照程序的规定机械执行的呆板机器**，它只认识 0 和 1，根本不理解 0、1 符号串的内在含义，更没有自我意识、生存目标和主观能动性。而人是有自我意识、生存目标和主观能动性的，能够见机行事，机动灵活地处理现实问题。**照章办事和见机行事是办事能力的两个极端状态**，所以电脑和人脑不可混为一谈。由于单纯依靠电脑来完成部分脑力劳动机械化的愿望落空了，人们必须突破计算机应用的僵化硬壳，另外寻找机器模拟智能的原理和方法，它直接导致了 1956 年人工智能学科的正式诞生。

3. 人工智能学科的初心

人工智能学科创始人的初心很明显，他们希望通过对人脑智能活动规律的探索和机器模拟，来克服计算机科学的算法危机，使计算机变得更加聪明起来，这明显是要突破传统计算机应用的理论框架，另起炉灶创立全新的人工智能学科。由此可见，**创立人工智能学科的初心就是要通过模拟人脑智能活动规律来弥补计算机应用的不足**。由于人类对自己智能的奥秘知之甚少，所以**整个人工智能学科的发展史就是在探索人脑在哪些方面比计算机更"聪明"**，这是我们考察人工智能学科发展过程和未来方向的核心线索，离开了这个核心线索，就会偏离人工智能学科发展的正常轨道，不是用骗术来代替理解，就是用蛮干来代替巧干。现已经清楚，组合爆炸是算法的本质特征，理解和巧干是人脑避免组合爆炸的唯一良策，阉割理解和巧干，就是在阉割智能。按照人工智能学科的初心，智能机设计的基本原则应该是：在理解和巧干的基础上高速计算，而不是仅仅依靠高速计算一味地蛮干，更不可用骗术代替理解。

2.3.2　人工智能研究 70 多年的实践经验

从 1943 年出现 M-P 理想神经元模型到现在，人工智能已经走过了 80 多年的研究与实践，其间经历了三次重大的发展浪潮：第一次是实验室中实现人工智能从 0 到 1 的研究突破，第二次是转向实际应用的检验，第三次是大面积推广并为实体产业赋能，整个过程后浪推前浪，一浪高过一浪。虽然产生了许多骄人的成果，能有效地解决某些智能模拟问题，推动人工智能领域走向多次发展高潮，但是它们各自都存在应用上的局限性，不但无法形成统一的人工智能理论，这些局限性反而成为未来发展的瓶颈(何华灿等，2023)。

(1) **第一次高潮(1943～1980 年)**。尽管人工神经元的理想模型 M-P 已经在 1943 年提出，但人脑是一个由近千亿个神经元互相连接的开放的、非线性的、复杂性的巨系统，当时的技术水平还难以使其对智能模拟产生重大影响。1956 年出现的功能主义学派，主张通过物理符号系统假设，利用刚性逻辑和计算机来模拟人脑的智能功能，避开了神经网络的复杂性，才促进了人工智能学科的诞生，且很快在实验室展开研究，取得一系列重要成果，在学术界引起轰动，很快走向第一次高潮。其间推动第一次高潮的动力还有后来出现的专家系统和知识工程。在刚性逻辑的应用局限性、经验性知识推理瓶颈和知识获取瓶颈的共同作用下研究经费锐减，第一次浪潮快速跌落。

(2) **第二次浪潮(1981～2000 年)**。在功能主义学派陷入低潮时，结构主义学派开始复兴。首先是 1982 年霍普费尔德提出新的人工神经网络模型，将神经网络发展成可并行处理的多层神经网络。其次是各种不需要逻辑和知识支撑的计算智能大量涌现，如模糊计算、遗传算法、蚁群算法、免疫算法、微粒群算法等。机器学习和知识发现也在这期间有了长足的进步。1990 年，布鲁克斯团队展示了六脚爬行机器人成果，标志着行为主义学派的诞生，形成了人工智能三足鼎立的兴旺局面，共同将人工智能研究推向第二次浪潮。后来由于发现了神经网络和各种计算智能方法都存在局部极值瓶颈而无法自拔，在它们的共同作用下投资人不断离开，第二次浪潮逐步跌落。

(3) **第三次浪潮(2001 年至今)**。本次浪潮的第一驱动因素是人工智能应用的市场规模、资金投入都在迅速增长。一方面是大数据、云计算和互联网等为深度神经网络的发展创造了良好条件；另一方面是通过深度学习获得的结果确实能为产业赋能，真正为商业创造价值。这反映出整个社会对人工智能的态度已逐渐从怀疑、恐惧转为好奇、接受和认同。另一个驱动因素是进入 21 世纪，人工智能开始重视交叉学科研究。例如，著名的 AlphaGo 就是人工神经网络与启发式搜索原理互相结合的成功典范，社会影响巨大。现在，脑科学、神经科学、认知科学、生物技术和纳米科技等学科开始围绕智能模拟聚合在一起，正在为人工智能的研究做出越来越大的贡献。2018 年开始有人指出当前的人工智能研究已陷入"关联关系的泥潭"，**深度神经网络只能处理"大数据小任务"的一小类问题，人脑面对的主要是"小数据大任务"类的问题，深度神经网络不能代表人工智能研究的主要方向**。同时，人们已发现了深度神经网络的可解释性瓶颈，它正在引起第三次浪潮的跌落。

当前人工智能研究现状可归结为：**深度上浅层化，广度上碎片化，智慧上呆板化，过程上黑箱化，体系上封闭化，技术上蛮力化**。一个前所未有的伟大学科，为什么会陷入如此尴尬的发展局面？我们认为，问题不在人工智能的实践活动上，而是人工智能的基础理论建设已远远落后于科研实践的发展。大家仔细想想，我们是不是越来越偏离了人工智能学科创立的初心，不仅没有把人类智能的"聪明"因素尽可能多地赋予计算机，反而把计算机自己的"呆板"因素发挥到极致。作者的判断依据是：**①在人机对话和自然语言理解中用模式匹配的骗术来代替理解；②在面对组合爆炸时用云计算的蛮干代替巧干。组合爆炸是算法的本质特征，理解和巧干是人类智能避免组合爆炸的唯一良策，阉割理解和巧干，就是在阉割智能。**

下面请看正在热议的 ChatGPT 话题。ChatGPT 是 OpenAI 公司 2022 年 11 月底推出的人工智能聊天程序，它不是按照关键词匹配-搜索答案作答，而是根据对问题的理解作答。它本是 OpenAI 落后一代的产品，仓促推出是为营销和打击竞争对手的聊天产品。始料不及的是它一亮相即封神，被评为第 3 代超级工具，预测 ChatGPT 将引发"**思维变革**"，改变人类思考和处理问题的传统方式，极大降低创意和执行的门槛。而第 1 代超级工具**互联网**引发了"**空间变革**"，用虚拟的聚合，跨越了现实的空间；第 2 代超级工具**智能手机**引发了"**时间变革**"，让人的工作、生活、娱乐都线上化；判定 ChatGPT 不是超级智能，它不会替代人类，而是人类相辅相成的合作伙伴。有人认为 ChatGPT 的出现预示着人类即将被智能机器完全取代，这就危言耸听了。机器智力不管多强大，都是人通过各种方式赋予计算机的，ChatGPT 的智力就来源于亮相的前三年100 亿条句子的日夜训练，训练总文本超 45TB。可见人赋予多少，机器就具有多少，机器不能自然形成智力。

下面是一段中国人杨春燕与 ChatGPT 的对话内容。

杨春燕问：如何用一个只能称 200kg 的秤，称出大象的重量？

ChatGPT 回复：很遗憾，用一个只能称 200kg 的秤无法称出大象的重量，因为大象的重量一般在 3000kg 以上，甚至可以达到 6000kg，远超过 200kg 的秤的称量范围。

第 3 代超级工具 ChatGPT 无解的问题，早在 1800 多年前的儿童曹冲就已轻松解决，"曹冲称象"的寓言故事在中国家喻户晓，流传久远。这里没有高大上的理论和方法，都是综合运用普通常识来实现矛盾转换的平凡操作：小秤称重物问题→（用多次称量法解决）→大象不可分割问题→（用分割巨石法解决）→碎石堆与大象等重问题→（用木船的吃水线相同解决）→最后是整个问题的圆满解决。这正如这样一则故事说的："智者"扛竹子进城门，一次进不去就抱怨城门太小了；"愚者"扛竹子进城门，横着不行，竖着不行，顺着就进去了。遇到矛盾就宣布问题无解，是表层智能，属于形式逻辑的思维范畴；不断转换问题的主要矛盾来实现问题求解，是深层智能，属于辩证逻辑的思维范畴。蔡文和杨春燕已将这种通过矛盾的不断转换来解决问题的智能提炼成可拓学（物元分析）（蔡文，1987；杨春燕等，2014），成为人工智能的重要基础理论之一。看来，ChatGPT 的训练样本中还缺少一点中国元素，不够完美。

2.3.3　赋予计算机更多的聪明因素

面对复杂性越来越高的问题，人类不是拼蛮力硬抗组合爆炸，而是在不断归纳抽象的过程中**牺牲部分确定性，适当引入不确定性，以便推迟组合爆炸的出现**。这就需要把具有确定性的原子概念**归纳抽象**成具有不确定性的分子概念，把不确定性粒度小的分子概念归纳抽象成不确定性粒度大的分子概念，然后**分层分区分块地存储和使用**这些概念和知识，从而大大提高了处理复杂问题的效率，避免在信息处理过程中出现无法承受的组合爆炸局面。更巧妙地避免组合爆炸的方法是**综合利用各种类型的知识和方法在解决复杂问题的不同阶段，不一竿子插到底地蛮干**。在这里，**智能的核心理念主要不是凭借力度而是凭借巧度来解决复杂问题**。计算机科学工作者的思路似乎是背道而驰的，**他们试图单纯凭借计算机的力度而不是凭借人类的巧度来解决复杂问题**（何华灿，2018；何华灿等，2021）。

1. 归纳抽象：变确定性为不确定性

信息系统 S 的状态空间数与独立原子数 n 有关，其状态空间的分明状态数 $P_s = 2^n$，当 $n \geqslant 2$ 时，状态空间是偏序空间，把它映射到全序空间后，其不分明

状态数 $Q_s = 1+n$。如果整个信息系统的原子数目 n 很大，组合爆炸的规模是难以承受的，例如，$n = 10$ 的系统有 $2^{10}=1024$ 个分明状态，可以承受，$n = 100$ 的系统有 $2^{100} = 1267650600228229401496703205376$ 个分明状态，是一个巨大的天文数字，根本无法承受（如将厚度为 0.1mm 的一张足够大的纸反复对半折，每对折 1 次的厚度增加一倍，折到 100 次后厚度达 1268 万亿亿千米，即 134 亿光年！）。如果放弃这种对分明状态描述的无畏追求，改用全序空间描述，其状态数一下子降到 101，其信息压缩比可达到 $2^n/(1+n)$ 倍！这简直是天壤之别。事实上人并不需要知道那些细枝末节的原子信息，只需要掌握全局的整体概貌即可进行有效的决策。

上述从最小粒度的原子信息归纳抽象成较大粒度的分子信息的过程，可不断重复下去，即从较小粒度的分子信息归纳抽象成较大粒度的分子信息，没有上限限制。由此可知，在智能活动中有必要不断通过归纳抽象，主动地引入不确定性，让人们在自己的岗位上，利用粒度合适的抽象信息和知识进行决策，**岗位层次越高，信息粒度越大，包含的不确定性越多，处理效率越高，影响面越大。**

上述归纳抽象过程需要**借助因素空间理论寻找不同粒度的因素来完成**。汪培庄教授认为，主体是通过因素空间来评价利害得失。因素就是智能主体根据自己的目标来评价环境条件，选择那些影响自己目标实现的独立事物的属性为因素，忽略那些不影响自己目标实现的事物和由因素衍生出来的事物。有了因素空间 E，就可判定一个命题的真度：原子命题的因素空间 E 只有一个因素，它出现，命题的真度是 1，否则是 0；分子命题的因素空间 E 包含多个因素，它们全部出现，命题的真度是 1，全部不出现，命题的真度是 0；否则，命题的真度是出现因素集合的不分明测度，其数值在 0～1。不同的抽象层次有不同的因素空间，但是这个方法没有改变。这是人类智能的高度体现，深度神经网络忽略了这个重要的人类智能。**信息的粒度大小代表它包含的不确定性有多大，需引入定量描述公式。**

2. 化整为零：知识的分层分块存储和调用

为有效管理和使用已知的各种知识，必须把它们分门别类地一层一层向上分类、归纳、抽象，形成由不同粒度知识组成的多层树形结构，例如大家熟悉的地图知识，在范围最小的村落里，每户人家可是一个原子节点，它们通过原子道路相互连通。在一个自然村落范围内，可用原子级关系网络诱导出与/或决策树来寻找最佳路径，并在理论上有刚性逻辑和二值神经网络的支撑。那么，

是否能够无限制扩大这种绝对有效方法的应用范围呢？人类的社会实践早已
做出了否定的回答，因为随着决策范围的不断扩大，涉及的原子信息(节点和
边)会呈几何级数的增多，其中绝大部分是与待解问题毫无关系的因素，如果
把它们全部牵扯进来，不仅于事无补，反而使问题的复杂度呈几何级数快速增
大，成为一个实际难解、解了也无法说清楚的笨方法。人类巧干的有效方法是：
在有关村落级地图的基础上，进一步利用粒度更大的乡镇级地图(其中的观察
粒度增大到一个村落)和地市级地图(其中的观察粒度增大到一个乡镇)来分层
次地逐步解决相互联系的最佳路径规划问题。这样就把一个在原子层面十分复
杂的最佳路径规划问题，转化成相对简单得多的三个不同层面内部和层面之间
的最佳路径规划子问题进行求解，整体的复杂度大大降低(何华灿等，2023)。

3. 配套成龙：综合利用多种知识解决复杂问题

在智能活动中需要机动灵活且恰如其分地使用各种行之有效的方法，相互
配合起来才能取得事半功倍的效果。例如，人在识别汉字的过程中，会在不同
场合合理使用数据统计法(模式识别)和结构分析法(逻辑关系)，以便获得最佳
识别效果。例如，在认识汉字的基本笔画(如一、丨、丿、丶、乛)阶段，最有
效的方法是图像数据统计识别法，而在此基础上进一步有效区分不同的汉字
(如一、二、三、十、土、王、玉、五、八、人、入、大、太、天、夫等)阶段，
最有效的方法则是结构分析法(逻辑关系)，如果一味使用图像数据统计识别
法，在区分复杂结构的汉字(如逼、逋、迴、遒)时，速度和识别率会严重下降，
事倍功半。这种原理和方法可以举一反三应用到智能活动的方方面面。**一根筋
干到底是蛮干不是巧干。**

2.3.4 人工智能研究迫切需要逻辑范式变革

纵观人工智能的实践史，各大小人工智能学派都是在刚性逻辑的基础上建
立和发展起来的，它们都使用刚性逻辑范式。从图灵机和感知机角度都可证明，
刚性逻辑对一切满足"非此即彼性"约束的信息处理过程都具有可靠性和完备
性，可放心大胆地使用，没有禁区。可是在 20 世纪 80 年代爆发的人工智能理
论危机却从现实世界的客观需求方面揭露了**刚性逻辑的应用局限性。**

(1)**工作效率十分低下。**若机械地使用，则无法克服由算法复杂度带来的
组合爆炸，会迅速吞噬掉计算机的时空资源；面对现实问题中各种**不确定性**(亦
此亦彼性、非此非彼性)，刚性逻辑更是束手无策，**超出其适用范围。**

(2)作为对理论危机的应急反应，针对某些不确定性的数十种非标准逻辑

迅速涌现，它们都是根据应用需要和日常经验提出来的，虽然可分别解决某些应用问题，但有时会出现违反常识的异常结果，无法确知其有效的适用范围。这说明现有的**各种非标准逻辑还没有真正揭示出精准处理各种不确定性的逻辑原理和方法，理论上并不成熟**。

后来出现的**神经网络、计算智能和深度神经网络**，虽然可以避开知识和逻辑的支撑，但是都失去了结果的逻辑和知识含义，其信息处理过程对人来说更**是"黑箱"，无法从逻辑和知识角度去理解**。而人脑最擅长的是通过知识、概念和逻辑来思考问题、判断事物、交流思想和进行决策。**决策者最害怕的就是根据"黑箱"的旨意去采取重大行动**。

在人工智能研究实践中获得的正反经验都说明：**人工智能学科没有知识、概念和逻辑的支撑是不行的，因为智能机器是为人服务的，而人的智能活动离不开知识、概念和逻辑；仅仅依靠刚性逻辑范式也是远远不够的，因为它无法描述现实世界；人工智能需要能够全面描述现实世界的柔性逻辑范式，其中包含刚性逻辑范式，因为理想世界是现实世界的特例**。

泛逻辑学是以所有逻辑为研究对象的大一统逻辑学理论，其中包含柔性逻辑和刚性逻辑。泛逻辑学就是数理辩证逻辑，它能包容各种辩证矛盾、不确定性和演化，数理形式逻辑是它的一个特例。

2.4　命题泛逻辑理论

人工智能的实践突破了刚性逻辑的禁锢，必须承认对逻辑多样性和针对性的客观需求，这是业已被打入冷宫的辩证逻辑的基本特征——在推理过程中综合运用命题的形式和内容。智能化呼唤尽快开启建立数理辩证逻辑的征程。**泛逻辑研究逻辑学的一般原理和方法，它是能根据需要生成各种针对性逻辑的生成器**。作者根据中国的辩证思维传统，在刚性逻辑的基础上进行不断扩张，建立一个像门捷列夫元素周期表一样的命题泛逻辑理论框架，可包容所有的命题逻辑(已有的和可能存在的)，在智能信息处理中实现辨证论治，对症下药，实现一把钥匙开一把锁的效果，且实现了命题泛逻辑算子和柔性神经元的一体两面性，故称为**命题泛逻辑**。它其实**就是数理辩证逻辑的命题部分**(何华灿等，2001；2021)。

2.4.1　命题泛逻辑的理论框架

命题泛逻辑的具体研究目标是建立一个命题泛逻辑理论框架，它是一个由无穷多个逻辑算子组成的连续分布的立方体结构，其功能如下。

（1）**立方体的坐标原点**。O 代表刚性逻辑及其直接扩张出来的有界逻辑。标准逻辑满足：论域 $x, y, z \in \{0, 1\}$，逻辑算子：非、与、或、蕴含、等价等，它是不断扩张形成泛逻辑理论体系的核心。首先将论域扩张为 $x, y, z \in [0, 1]$ 后，成为卢卡西维茨有界逻辑（Lukasiewitz's bounded logic），逻辑算子：非、与、或、蕴含、等价、平均、组合等，这些算子共同组成了**泛逻辑运算的基模型，不同基模型用不同的模式参数 $\langle a, b, e \rangle$ 区分**（与标准逻辑相同）。

（2）**三个坐标轴**。命题 $x, y, z \in [0, 1]$ 的扩张，就有了无穷多的中间过渡值可以参与逻辑运算，这为研究各种命题级的不确定性参数提供了广阔的舞台。研究表明，在命题逻辑级只有三个不确定性存在，所以，三个坐标轴分别代表这三个不确定性参数 $\langle h, k, \beta \rangle$，每一个不确定性参数都会以自己特殊的方式影响基模型的中间过渡值使其发生改变，把单个的基模型算子展开成由无穷多个算子组成的完整簇。仅仅是由于在每一个模式 $\langle a, b, e \rangle$ 中，8 个 0，1 端点处的值仍然和基模型（及标准逻辑）完全保持一致，所以信息处理的模式参数并没有发生改变，这是泛逻辑不断扩张而**保持上下兼容性不变的关键**，可惜深度神经网络没有认识到这点！

2.4.2　命题泛逻辑的有效实现途径

1. 总路线

总结我们研究的实际过程，可用图 2.3 来概括。

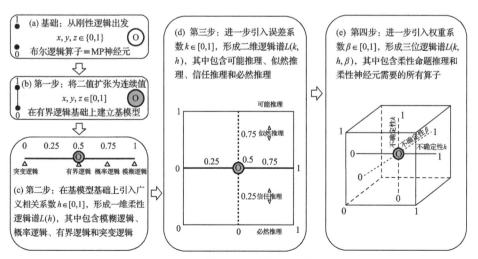

图 2.3　柔性逻辑扩张的总路线图

　　这是一条业已证明切实可行的、将"非此即彼"、真/假分明的刚性逻辑扩张为"亦此亦彼"、真/假共存的柔性逻辑，逐步实现命题泛逻辑的有效途径。作为数理辩证逻辑的命题部分，它应该能够在命题层面描述辩证法的各种规律，如对立统一律、量变质变律、否定之否定律和相生相克律等。我们把命题的真值域从 $x, y, z \in \{0, 1\}$ 扩张到 $x, y, z \in [0, 1]$，就是把命题从对立充分的真假分离的理想状态，转变为对立不充分的真假对立统一的现实状态，连续的实数空间 $[0, 1]$ 为真假的矛盾对立和矛盾转化之间的此消彼长、主次更迭提供了合适的场所。进而让不确定性参数 $h, k, \beta \in [0, 1]$，也是在更高层次上刻画对立统一律，从而衍生出更多的辩证法规律来。命题级泛逻辑的实际效果展示，参见图 2.4～图 2.6。

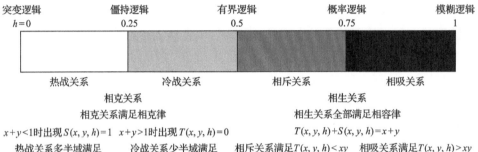

图 2.4　一维命题泛逻辑的包容性

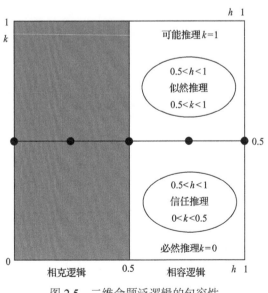

图 2.5　二维命题泛逻辑的包容性

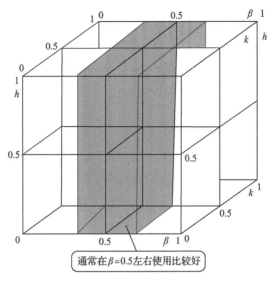

图 2.6 三维命题泛逻辑的包容性

2. 广义相关系数的引入

在图 2.4 中，由于广义相关系数 $h \in [0, 1]$ 的引入，连续值命题逻辑被展开成为一维命题泛逻辑完整簇（谱），其中不仅包含了对立统一律、量变质变律、否定之否定律，特别是展现了完整的相生相克律。在这里，相吸关系、相斥关系、冷战关系、热战关系、相容律、相克律都有严格的数学描述和判定标准。更让人兴奋的是，整个相克逻辑群还是一块未开垦的处女地（除了中医药理论在自然语言层面上有所涉足外），它是从事数理辩证逻辑、国防战略、经济战略、博弈理论和中医药理论等研究人员大有可为的地方。

3. 误差系数的引入

在图 2.5 中，由于误差系数 $k \in [0, 1]$ 的引入，h、k 共同把一维命题泛逻辑完整簇展开成为二维命题泛逻辑完整簇，在相容逻辑群内，包含了可能推理理论（$k = 1$）、似然推理理论（$0.5 < k < 1$）、信任推理理论（$0 < k < 0.5$）和必然推理理论（$k = 0$）。这些都是数理辩证逻辑需要解决的重大问题，在不精确推理理论中也占有举足轻重的地位。二维的相克逻辑群仍是未开垦的处女地。

4. 偏袒系数的引入

在图 2.6 中，偏袒系数 $\beta \in [0, 1]$ 的引入，以及 h、k、β 的共同作用，形成了三维命题泛逻辑完整簇，理论上已掌握 $\beta \in [0, 1]$ 全域的性质：当 $\beta = 1$ 时是绝对

信任 x，y 退出了逻辑运算；当 $\beta=0$ 时是绝对信任 y，x 退出了逻辑运算。应用上一般不建议使用这两个极端状态(除有意想淘汰某个命题外)，因为越接近这两个极端，逻辑性质越差，越接近 $\beta=0.5$，逻辑性质越好，所以一般都是在中心地带左右实施偏袒，不会大幅度地调整权重。

5. 命题泛逻辑与数理辩证逻辑的关系

讨论到这里，有读者可能已明白为什么当初大多数逻辑学家都不承认黑格尔的《逻辑学》是逻辑著作，而是哲学思辨著作。他们无非是根据：①逻辑需要使用符号语言，不能全部是自然语言描述；②逻辑应该能必然地推出结论；③对于数理逻辑来说，必须实现数学化推理。上述三条依据，在彼时黑格尔的《逻辑学》中无一实现，原始形态的形式逻辑亦难以达到。作者认为，命题泛逻辑理论已经达到了上述三条标准，属于数理辩证逻辑的命题部分。

2.4.3　命题泛逻辑的具体扩张过程

1. 对二元信息处理模式和性质的全面剖析

为摸清泛逻辑生长发育的基础平台，作者对二值信息处理模式和性质(标准逻辑和 M-P 神经元)进行了全面的剖析。这个剖析工作十分重要，它是命题泛逻辑和柔性神经元取得成功的关键因素之一。

(1)**二值信息处理算子的完备集**。布尔代数为数理形式逻辑的建立和二值信息处理奠定了重要的理论基础。在二值信息处理中，任何信息都满足 $x, y, z \in \{0, 1\}$ 的约束，其一元信息处理 $z=f_n(x)$ 只有 4 种不同的模式，如表 2.1 所示。

表 2.1　二值一元信息处理的 4 种模式

输入 x	输出 $z=f_n(x)$			
	$f_0(x)$	$f_1(x)$	$f_2(x)$	$f_3(x)$
0	0	0	1	1
1	0	1	0	1
意义	恒 0	指 x	$\neg x$	恒 1

其二元信息处理 $z=f_n(x, y)$ 只有 16 种不同的模式，如表 2.2 所示。

这些模式有不同的意义和作用，它们都满足阈值公式 $z = \Gamma[ax+by-e]$ (threshold formula，简写为 TF $= \Gamma[ax+by-e]$)，但每一个模式的参数 a、b、e 各不相同，所以，$\langle a,b,e \rangle$ 可作为二值二元信息处理的模式参数使用。由于二

表 2.2　二值二元信息处理的 16 种模式

输入		输出 $z=f_n(x,y)$															
x	y	$f_0(x,y)$	$f_1(x,y)$	$f_2(x,y)$	$f_3(x,y)$	$f_4(x,y)$	$f_5(x,y)$	$f_6(x,y)$	$f_7(x,y)$	$f_8(x,y)$	$f_9(x,y)$	$f_{10}(x,y)$	$f_{11}(x,y)$	$f_{12}(x,y)$	$f_{13}(x,y)$	$f_{14}(x,y)$	$f_{15}(x,y)$
0	0	0	1	0	1	0	1	0	1	0	1	0	1	0	1	0	1
0	1	0	0	1	1	0	0	1	1	0	0	1	1	0	0	1	1
1	0	0	0	0	0	1	1	1	1	0	0	0	0	1	1	1	1
1	1	0	0	0	0	0	0	0	0	1	1	1	1	1	1	1	1
意义		恒 0	$\neg(x\vee y)$	$\neg(x\to y)$	$\neg x$	$\neg(y\to x)$	$\neg y$	$x\neq y$	$\neg(x\wedge y)$	$x\wedge y$	$x=y$	指 y	$y\to x$	指 x	$x\to y$	$x\vee y$	恒 1
$\Gamma[ax+by-e]$ 的参数 $\langle a,b,e\rangle$		$\langle 0,0,0\rangle$	$\langle -1,-1,-1\rangle$	$\langle -1,1,0\rangle$	$\langle -1,0,-1\rangle$	$\langle 1,-1,0\rangle$	$\langle 0,-1,-1\rangle$	组合实现	$\langle -1,-1,-2\rangle$	$\langle 1,1,1\rangle$	组合实现	$\langle 0,1,0\rangle$	$\langle -1,1,-1\rangle$	$\langle 1,0,0\rangle$	$\langle -1,-1,-1\rangle$	$\langle 1,1,0\rangle$	$\langle 1,1,-1\rangle$

值二元信息处理的 16 种模式包含了二值一元信息处理的 4 种模式，而二值三元以上的信息处理模式都可以通过这 16 种模式的复合运算获得，如二值三元信息处理的模式是

$$z = f(x_1, x_2, x_3) = f_j(f_i(x_1, x_2), x_3), \quad i, j \in \{0, 1, \cdots, 15\}$$

当 $i = j$ 时，有

$$f_i(f_i(x_1, x_2), x_3) = f_i(x_1, x_2, x_3), \quad i \in \{0, 1, \cdots, 15\}$$

二值四元信息处理的模式是

$$z = f(x_1, x_2, x_3, x_4) = f_k(f_i(x_1, x_2), f_j(x_3, x_4)), \quad i, j, k \in \{0, 1, \cdots, 15\}$$

当 $i = j = k$ 时，有

$$f_i(f_i(x_1, x_2), f_i(x_3, x_4)) = f_i(x_1, x_2, x_3, x_4), \quad i \in \{0, 1, \cdots, 15\}$$

其他以此类推。所以，**有了二值二元信息处理的 16 种模式就可把握全局，获得二值信息处理的全貌。**

（2）**阈值公式 TF** 的作用非常奇妙，它具有一体两面性：人们开始引入它是因为神经元模型 M-P，后来很快发现阈值公式其实也是逻辑算子真值表的函数表达式，两者完全是等价的(详细见表 2.3)。这个性质是**泛逻辑扩张中必须小心呵护的关键，也是人工神经网络的可解释性的命根子，千万不可无视！**

表 2.3　二元二值信息处理的全部 16 种模式

模式编号		0号	1号	2号	3号	4号	5号	6号	7号
模式内容		≡0	¬(x∨y)	¬(y→x)	¬x	¬(x→y)	¬y	x≠y	¬(x∧y)
模式参数	a	0	−1	−1	−1	1	0	组合实现	−1
	b	0	−1	1	0	−1	−1		−1
	e	0	−1	0	−1	0	−1		2
模式编号		15号	14号	13号	12号	11号	10号	9号	8号
模式内容		≡1	x∨y	y→x	x	x→y	y	x≡y	x∧y
模式参数	a	1	1	1	1	−1	0	组合实现	1
	b	1	1	−1	0	1	1		1
	e	−1	−1	0	−1	0	0		1

说明：≡表示恒等于，¬表示逻辑否定运算，∧表示逻辑与运算，∨表示逻辑或运算，→表示逻辑蕴含运算。

（3）**二值信息处理有两种不同的描述方式。**最早出现的是标准逻辑的真值表描述方式，后来出现了二值神经元的结构描述方式，其理想模型是 M-P（又称为阈元、感知机，见图 2.7）。其中 $x, y, z \in \{0, 1\}$，a、b 是输入 x、y 的权系数，e 是阈值，$v = ax+by-e$ 是整合计算，经 0、1 限幅函数 $\Gamma[v]=\{1|v \geqslant 1; 0\}$ 处理后输出，有 Δt 的固定延迟。

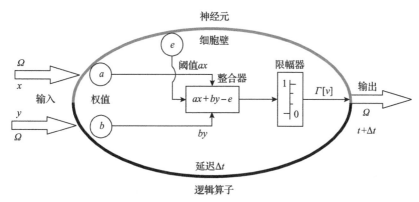

图 2.7　M-P 神经元与刚性逻辑算子

这是二值信息处理和刚性推理范式的基本概貌，它是一个完备的体系。基于泛逻辑的柔性推理范式和智能信息处理，将在其基础上放开某些约束条件，引入相应的不确定性来实现。

2. 连续值二元信息处理的 20 种基模型

由于 $x, y, z \in \{0, 1\}$ 扩张为 $x, y, z \in [0, 1]$，中间过渡值参与到逻辑运算之中，二元信息处理模式从 16 种扩大到 20 种，其中增加了+8 号模式（组合）和+7 号模式（非组合），+14 号模式（平均）和+1 号模式（非平均），如表 2.4 所示。

3. 不确定性参数对逻辑运算的影响

（1）**调整函数和作用次序的确定。**在三角范数（triangle norms）理论的支撑下研究确定了不确定性参数 k、h、β 对每种基模型的调整函数和作用次序（图 2.8）。其中，命题真度的误差系数 $k \in [0, 1]$，$k = 1$ 表示最大正误差，$k = 0.5$ 表示无误差，$k = 0$ 表示最大负误差。k 对基模型的影响完全反映在 N 性生成元完整簇 $\Phi(x, k)=x^n$，$n \in (0, \infty)$ 上，$n= -1/\log_2 k$。

广义相关系数 $h \in [0, 1]$，$h = 1$ 是最大的相吸关系，$h = 0.75$ 是独立相关关系，$h = 0.5$ 是最大的相斥关系，也就是最弱的敌我关系，$h = 0.25$ 是敌我僵持

表 2.4　二元连续值信息处理的全部 20 种模式

模式编号		0号	1号	+1号	2号	3号	4号	5号	6号	7号	+7号
模式内容		≡0	¬(x∨y)	¬(x℗y)	¬(y→x)	¬x	¬(x→y)	¬y	x≠y	¬(x∧y)	¬(x◎ᵉy)
模式参数	a	0	−1	−1/2	−1	−1	1	0	组合实现	−1	−1
	b	0	−1	−1/2	1	0	−1	−1		−1	−1
	e	0	−1	−1	0	−1	0	−1		2	1+e

模式编号		15号	14号	+14号	13号	12号	11号	10号	9号	8号	+8号
模式内容		≡1	x∨y	x℗y	y→x	x	x→y	y	x≡y	x∧y	x◎ᵉy
模式参数	a	1	1	1/2	1	1	−1	0	组合实现	1	1
	b	1	1	1/2	−1	0	1	1		1	1
	e	−1	0	−1	−1	0	0	−1		1	e

注：≡表示恒等于，¬表示逻辑否定运算，∧表示逻辑与运算，∨表示逻辑或运算，→表示逻辑蕴含运算，℗表示逻辑平均运算，◎ᵉ表示逻辑组合运算。

关系，$h=0$ 是最强的敌我关系。广义相关系数 h 对基模型的影响全部反映在 T 性生成元完整簇 $F(x, h) = x^m$，$m \in (-\infty, \infty)$ 上，$m = (3-4h)/(4h(1-h))$。$F(x, h)$ 对各种二元运算基模型 $L(x, y)$ 的影响是 $L(x, y, h) = F^{-1}(L(F(x, h), F(y, h)), h)$。$h$、$k$ 对二元运算基模型 $L(x, y)$ 共同的影响方式是 $L(x, y, h, k) = \Phi^{-1}(F^{-1}(L(F(\Phi(x, k), h), F(\Phi(y, k), h), h), k)$。

偏袒系数 $\beta \in [0, 1]$，$\beta = 1$ 表示最大偏左，$\beta = 0.5$ 表示等权，$\beta = 0$ 表示最小偏左。权系数 β 对基模型的影响完全反映在二元运算模型上，其对基模型 $L(x, y)$ 的作用方式是 $L(x, y, \beta) = L(2\beta x, 2(1-\beta)y)$。$h$、$k$、$\beta$ 三者对二元运算模型 $L(x, y)$ 共同的影响方式是

$$L(x, y, h, k, \beta) = \Phi^{-1}(F^{-1}(L(2\beta F(\Phi(x, k), h), 2(1-\beta) F(\Phi(y, k), h)), h), k)$$

（2）**20 种柔性信息处理算子的完整簇**。如此就获得了 20 种柔性信息处理算子的完整簇，它包含了柔性信息处理所需要的全部算子，可根据应用需要（反映在模式参数 $\langle a, b, e \rangle$ 和模式内部的调整参数 $\langle h, k, \beta \rangle$ 上）有针对性的选用。

4. 柔性神经元与柔性命题逻辑同步扩张

基于同样的基模型和同样的不确定性参数，我们对神经元 M-P 模型的扩张是与对刚性逻辑算子的扩张同步进行的。由此，获得了 20 种柔性信息处理算子的完整簇（它是柔性逻辑算子，也是柔性神经元），其中包含了柔性信息处理所需要的全部算子，可根据应用需要（即模式参数 $\langle a, b, e \rangle$ 和模式内的调整参数

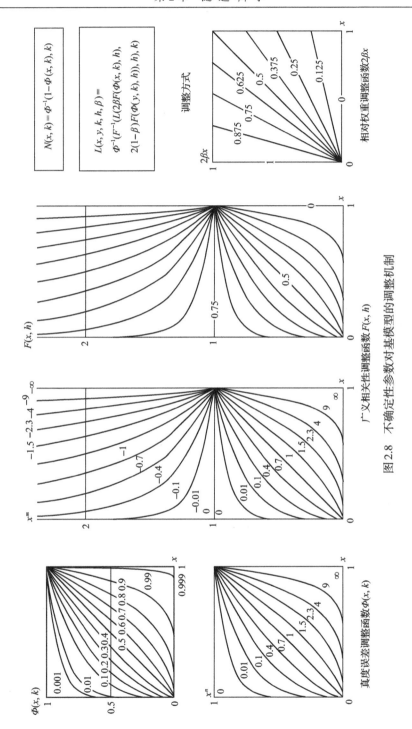

图 2.8　不确定性基模型的调整机制

$\langle h, k, \beta \rangle$）有针对性地选用。神经生物学研究证实，生物神经元内部的信息处理机制十分复杂，如同一个大型化工企业群。所以，柔性神经元的上述扩张并不过分，也许只是刚刚开始。扩张过程可以在逻辑算子和神经元共同的 0、1 限幅函数 $TF=\Gamma[ax+by-e]$ 基础上完成，它不仅是对刚性逻辑算子的柔性扩张，而且是对二值神经元的柔性扩张，两者仍然保持一体两面关系。逻辑算子与神经元的同步、同基模型、同机理的扩张过程，最后实现了命题泛逻辑算子与柔性神经元的和谐统一，成为全面支撑智能科学研究统一的逻辑基础。

2.5　如何应用命题泛逻辑

2.5.1　使用命题泛逻辑的健全性标准

与刚性逻辑是逻辑符号演算过程不同，柔性逻辑推理是逻辑符号演算和数值计算并存的数学过程。所以，**刚性逻辑有可靠性和完备性即可保证安全使用，而柔性逻辑的安全使用条件更加苛刻**，原因就在于不仅是 0、1 两个端点值，**中间过渡值都参与了逻辑运算**。不同的逻辑算子对中间过渡值的处理结果是不同的，如刚性逻辑与运算的结果始终是 $T(x, x) = x$；而柔性逻辑与运算的结果却是随 h 的变化而变化 $T(x, x, h) \leqslant x$；$T(0.8, 0.8, 1) = 0.8$，$T(0.8, 0.8, 0.75) = 0.64$，$T(0.8, 0.8, 0.5) = 0.6$，$T(0.8, 0.8, 0) = 0$。由此可见，如果柔性算子的使用场合不对，处在 0～1 的过渡值有可能在演绎过程中发生畸变（**非标准逻辑中出现的反常结果就来源于这种畸变**）。

我们研究发现，**所有健全的逻辑系统都必须具有以下基本属性**（何华灿等，2021）。

（1）**幂等律**：$T(x, x) = x$，同一命题多次与调用其真度不变，不同命题仅真度 x 相同则不然。

（2）**幂等律**：$S(x, x) = x$，同一命题多次或调用其真度不变，不同命题仅真度 x 相同则不然。

（3）**矛盾律**：$T(x, N(x)) = 0$，同一命题和它的非命题不相交。

（4）**排中律**：$S(x, N(x)) = 1$，同一命题和它的非命题之间没空隙。

（5）**对合律**：$N(N(x)) = x$，两次否定一定回到原命题。

（6）**M-P 规则**：$T(x, I(x, y)) \leqslant y$，若蕴含式的前件为真，则后件必然为真。

在刚性逻辑中这 6 条健全性标准是完全可以满足的充分条件，还可进一步简化。但是在各种非标准逻辑中，这 6 条标准常有不同程度的缺失，没有健全性保证，为什么会缺失？我们在泛逻辑中发现了原因。例如：

$L(x,y,h)$ 是一个健全的逻辑系统，它能满足健全性的 6 条必要条件。

(1)幂等律：$T(x,x,1)=x$，同一命题之间一定最大相吸，$h=1$。

(2)幂等律：$S(x,x,1)=x$，同一命题之间一定最大相吸，$h=1$。

(3)矛盾律：$T(x,N(x),0.5)=0$，同一命题和它的非命题之间一定最大相斥，$h=0.5$。

(4)排中律：$S(x,N(x),0.5)=1$，同一命题和它的非命题之间一定最大相斥，$h=0.5$。

(5)对合律：$N(N(x))=x$，无误差的两次否定一定回到原命题。

(6)M-P 规则：$T(x,I(x,y,h),h)\leqslant y$，在相同的 h 下一定成立。

$L(x,y,h,k)$ 是一个健全的逻辑系统，它能满足健全性的 6 条必要条件。

(1)幂等律：$T(x,x,1,k)=x$，同一命题之间一定最大相吸，$h=1$。

(2)幂等律：$S(x,x,1,k)=x$，同一命题之间一定最大相吸，$h=1$。

(3)矛盾律：$T(x,N(x,k),0.5,k)=0$，同一命题和它的非命题之间一定最大相斥，$h=0.5$。

(4)排中律：$S(x,N(x,k),0.5,k)=1$，同一命题和它的非命题之间一定最大相斥，$h=0.5$。

(5)对合律：$N(N(x,k),k)=x$，相同误差的两次否定回到原命题。不同误差的两次否定满足否定之否定律：$N(N(x,k_1),k_2)=1-N(x,k_{12})$，$k_{12}=k_1(1-k_2)/(k_1+k_2-2k_1k_2)$。

(6)M-P 规则：$T(x,I(x,y,h,k),h,k)\leqslant y$，在相同的 h、k 下一定成立。

这就是说，我们不仅要像刚性逻辑那样严格根据信息处理模式 $\langle a,b,e\rangle$ 的不同选择不同的逻辑算子(已扩张成一个算子完整簇)，更需要根据不确定性调整参数 $\langle h,k,\beta\rangle$ 的不同来精确地选择簇中合适的算子使用。与刚性逻辑不同的有：

(1)幂等律只能在同一个柔性命题之间成立：$T(x,x,1,k)=x$，$S(x,x,1,k)=x$。

(2)矛盾律只能在同一个柔性命题 x 之间成立：$T(x,N(x,k),0.5,k)=0$。

(3)排中律只能在同一个柔性命题 x 之间成立：$S(x,N(x,k),0.5,k)=1$。

(4)对合律只能在两次相同误差否定的情况下成立：$N(N(x,k),k)=x$。

(5)在一般情况下满足否定之否定律

$$N(N(x,k_1),k_2)=1-N(x,k_{12}),\ k_{12}=k_1(1-k_2)/(k_1+k_2-2k_1k_2)$$

(6)分离律只在相同的 h、k 条件下成立：$T(x,I(x,y,h,k),h,k)=x$。

如果不根据不确定性调整参数 $\langle h, k, \beta \rangle$ 和 e 来精确地选择合适的算子使用，就不能达到辨证论治，对症下药的智能化需求。

2.5.2　逻辑运算模型参数的确定方法

1. 柔软逻辑算子模式参数 $\langle a, b, e \rangle$ 的确定

当有因果关系的各个柔性命题的真度都在知识库 K_1 中刻画好后，就可以像二值信息处理一样，首先按照端点值 $x, y, z \in \{0, 1\}$ 之间的关系，确定柔性因果关系的信息处理模式是否属于 16 种共有的模式之一，如果它不在 16 种模式之中，再根据中间过渡值的变化情况，确定是 4 种柔性信息处理专有模式的哪一个，具体的确定方法是：

当 $0 = (0, 0), 1 > (0, 1) > 0, 1 > (1, 0) > 0, 1 = (1, 1)$ 时，是平均模式或组合模式中的一个；

当 $1 = (0, 0), 1 > (0, 1) > 0, 1 > (1, 0) > 0, 0 = (1, 1)$ 时，是非平均模式或非组合模式中的一个。

进一步区分是平均模式还是组合模式的基本特征是：组合模式有一定程度的上下平台 $0 = (0+\Delta, 0+\Delta), 1 = (1-\Delta, 1-\Delta)$ 出现，而平均模式根本没有上下平台 $0 < (0+\Delta, 0+\Delta), 1 > (1-\Delta, 1-\Delta)$ 存在。

完成上述柔性信息处理模式的识别非常重要，它可以把柔性信息处理的基本模式严格确定下来，准确获得它的模式状态参数 $\langle a, b, e \rangle$ 和基模型计算公式：$z = \Gamma[ax+by-e], x, y, z \in [0, 1]$。

2. 模式内不确定性调整参数 $\langle h, k, \beta \rangle$ 的确定

接下来就可以在模式之内根据在知识库 K_1 中的数据确定可能存在的不确定性调整参数 $\langle h, k, \beta \rangle$，介绍如下。

(1) **误差系数 k 的确定**。在柔性非运算 $N(x, k)$ 中，k 是不动点 $N(k, k) = k$，所以，在知识库 K_1 中非模式的因果关系数据中，如果发现有输入和输出相等的情况 $x = z = k$，这个 k 就是误差系数，$k = 0.5$ 表示没有误差。如果没有发现完全相等的数据，可以寻找尽可能接近的数据对 $\langle x : z \rangle$，这时的 $k \approx (x+z)/2$。

(2) **广义相关系数 h 的确定**。根据知识库 K_1 中柔性与运算 $T(x, y, h)$ 的因果关系数据，确定广义相关系数 h 的方法主要有两种：与算子体积法和 $x = y$ 主平面上的标准尺测量法。

(3) **相对权重系数 β 的确定**。根据知识库 K_1 中柔性平均运算 $M(x, y, h, \beta)$

的因果关系数据,确定相对权重系数 β 的方法在 $M(x, y, 0.5, \beta)$ 时比较方便,因为这时的 $M(1, 0, 0.5, \beta) = \beta$,而在 K_1 中寻找这样的特殊数据是不困难的。

3. 组合运算中决策阈值系数 e 的确定

根据知识库 K_1 中柔性组合运算 $C^e(x, y, h)$ 的因果关系数据,确定决策阈值系数 e 的方法在 $C^e(x, y, 0.5)$ 中比较方便,因为这时组合运算的下平台区最大边界线 L 正好是满足 $x+y = e$ 的一条直线,这样的数据在 K_1 中很容易找到。

2.5.3 对智能生成机制的逻辑支撑

泛逻辑能够为具有普适性的智能形成机制——信息转换与智能创生定律——的描述提供全方位的逻辑支撑。一般来说,泛逻辑对人工智能程序的支撑,包括问题的初始状态、中间状态及结果状态的描述、因果关系(信息变换规则)的描述、算法(信息变换过程)的描述等方面。当前的人工智能程序已形成神经网络的描述风格和知识推理的描述风格两大类。在命题泛逻辑理论中,不仅能够自动生成所有的命题逻辑算子,而且由于始终保持了神经元的结构参数和逻辑算子的模式参数的一体两面性关系 $z = \Gamma[ax+by - e]$(其中 $x, y, z \in [0, 1]$ 或 $\{0, 1\}$ 是输入和输出变量,$\langle a, b, e \rangle$ 是模式参数,$\Gamma[*]$ 是 0、1 限幅函数)。所以,命题泛逻辑能够无差别地支撑上述两种人工智能程序的描述风格,不存在传统的深度神经网络的可解释性瓶颈问题。下面针对机制主义通用人工智能理论中不同信息转换阶段的应用场景进行具体的介绍,其中,在不同粒度的知识推理(信息转换)过程中,都需要因素空间理论根据主体的阶段性目标,确定客体信息中的有关独立因素,忽视无关因素。

1. 机制主义人工智能的应用需求

1) **感知原理的描述**

一般情况下传感器输入的**客体信息**都是原子状态的信息 X^o,**注意机制**的职责是全面准确地理解 X^o,接受其中与主题目标有利害关系的**语法信息** $X(X \subseteq X^o)$,忽视无利害关系的其他信息。如果 X 是空集,则停止对客体信息 X^o 的注意,否则会继续关注 X。生成**语用信息** Z 和**语义信息** Y 的具体方法有两种情况:①对已知的 X,可直接从综合记忆库中搜索对应的 Z 和 $Y = \lambda(X, Z)$;②对未知的 X,需要启动评价机制,寻找 X 中与主体目标有关的利害因素,生成 X 的语用信息 Z,最后给信息对偶 (X, Z) 命名为新的语义信息 $Y = \lambda(X, Z)$,并存储在综合记忆库中。

2）认知原理的描述

认知原理是实现由感性认识到理性认识、由现象到本质、由信息到知识转换的环节。由感知信息转换（归纳、抽象、提升）而来的知识也应具有"形式-价值-内容"三位一体的品格，称为"全知识"。认知过程具有三种互相有别而又互相联系、互相补足和互相促进的认知方式：灌输、归纳、理解。这三种方式都是为了获得知识（理性认识），所以都属于认知原理的工作方式。但是，这三种认知方式的工作特点和工作质量各不相同。如果问题比较复杂，为了满足谋行的需要，知识的抽象过程可多次重复进行。

3）综合记忆库原理的描述

存储、提取是信息处理和知识处理的基本需求。因此，怎样恰当地表示全信息和全知识，是综合记忆库需要考虑的一个基本问题。与通常的知识库和知识图谱不同，综合记忆库中的每一个独立的记忆单元都是一个**语义三角形**，其顶点是语义，左下方是语形，右下方是语用。这些语义三角形按照隶属关系形成一个全信息的语义树。巨大的语义树可分层分块地存储在综合记忆库的不同地方，依靠指针把它们连接成一个整体。这种知识结构图十分类似于《本草纲目》的知识结构关系。

4）谋行原理的描述

对于人工智能来说，最为核心的问题是：如何生成所需要的智能策略去成功地解决问题，达到预设的目标。这就是谋行原理的任务。由于综合记忆库的"全知识"可能有不同的类型，即本能知识、常识知识、经验知识、规范知识，所以**不同的知识状况将会生成不同的智能策略**。例如，本能知识和常识知识，生成的策略称为**基础意识策略**（如条件反射）；本能知识、常识知识和经验知识，生成的策略称为**情感性策略**；本能知识、常识知识、经验知识和规范知识，生成的策略称为**理智性策略**。

这些策略将在综合决策模块实现综合协调，使其成为互相和谐默契的智能策略。

5）执行原理的描述

人工智能系统最后环节的任务是：把谋行模块生成的智能策略反作用于客体，完成主体与客体相互作用的基本回合。在实际应用中，基本回合所生成的智能策略和智能行为不可能完美无缺，通常会存在误差。应把误差看成一种补充性的客体信息反馈到系统的输入端进行进一步的处理。误差也应当包含"形式因素-价值因素-语义因素"，以便通过学习和分析应当补充什么样的新信息和新知识。如果一次优化还不够满意，可进行多次直到满意为止。

如果经过多次误差反馈-学习优化仍然达不到应有的效果，就表明当初人类智慧提供的"预设目标"不够合理。在这种情况下，应当要求人类主体对此进行分析研究，修正预设目标，以期改善人工智能系统的工作效率。

2. 命题泛逻辑的应用实例

随着人们生活质量的提高，装修装饰逐步高档化、电器设备增多、高层及超高层建筑增加以及商场超市等群众聚集场所规模迅速扩大，这使得消防安全的重要性越来越突出。随着智能建筑技术的发展和成熟，越来越多的新型建筑采用了智能消防系统。它由两部分构成：①火灾自动报警系统(感知和中枢神经系统)；②联动灭火系统(执行系统)。智能消防系统具备火灾初期自动报警功能，并有直接通往消防部门的电话、自动灭火控制柜、火警广播系统等。一旦发生火灾，智能消防系统能立即发出报警信号，并显示发生火灾的位置或区域代号，管理人员立即启动火警广播，组织人员安全疏散，启动消防电梯；报警联动信号驱动自动灭火控制柜工作，关闭防火门以封闭火灾区域，并在火灾区域自动喷洒水或灭火剂灭火；开动消防泵和自动排烟装置。这样能及时发现建筑的火灾隐患，采取相应措施及时扑救，将可能酿成大祸的火灾消灭在阻燃期或初期，防止灾害扩大。

下面具体讨论智能消防系统中的一个最基本的环节——由电路短路引起的火灾报警。为了用简单的篇幅说清楚基本工作原理，对有关因素进行了大大简化。这里的数据引自本书第 3 章的例 3.7，它是一个消防火警数据库中的状态出现频率表，其中的目标因素是 $I(g=火情)=\{0=安全，1=报警\}$。形式因素只有：$I(f_1=现场温度)=\{0=低温，1=高温\}$；$I(f_2=湿度)=\{0=偏湿，1=偏干\}$；$I(f_3=电路)=\{0=通路，1=短路\}$；$I(f_4=气味)=\{0=常味，1=焦味\}$；$I(f_5=现场环境)=\{0=整洁，1=杂乱\}$ 等，全部都是二值(原子)信息。状态的出现频率是一种状态的记录数在总记录数中占有的百分比。消防火警数据库中的状态出现频率见表 2.5。

表 2.5 消防火警数据库中的状态出现频率表

因素	信息域取值									
g	0/安	0/安	0/安	0/安	0/安	0/安	1/警	1/警	1/警	1/警
f_1	0/低	1/高	0/低	1/高	0/低	1/高	1/高	1/高	1/高	0/低
f_2	1/干	0/湿	1/干	0/湿	1/干	0/湿	1/干	1/干	0/湿	1/干

续表

因素	信息域取值									
f_3	0/通	1/短	1/短	0/通	0/通	0/通	1/短	1/短	1/短	1/短
f_4	0/常	0/常	0/常	1/焦	1/焦	0/常	0/常	1/焦	1/焦	1/焦
f_5	0/洁	1/乱	1/乱	0/洁	0/洁	1/乱	0/洁	1/乱	1/乱	0/洁
频率	0.10	0.05	0.15	0.15	0.05	0.05	0.10	0.15	0.10	0.10

1）形式因素 f_j 的效用度 W_j

算法 2.1　Sub[形式因素的效用度]

输入：带频数的因果表 ψ 中 g 和 f_j 两列。

输出：W_j。

步骤　　　　$f := f_j$，$I(f) := I(f_j) = \{a_1, a_2, \cdots, a_K\}$；$I(g) = \{b_1, b_2, \cdots, b_L\}$

$W := \max_{1 \leqslant k \leqslant K, 1 \leqslant l \leqslant L} |P(g = b_l | f = a_k) - P(g = b_l)|$，$W_j := W$

式中，$P(g = b_l | f = a_k)$ 表示 $g = b_l$ 在 $f = a_k$ 下的条件概率。

信息处理过程和结果如下。

将频率转化为概率结果如下所示。

g 自有的概率分布：

$$p(警) = 0.10 + 0.15 + 0.10 + 0.10 = 0.45，\quad p(安) = 0.55$$

$$p(高,警) = 0.35，\quad p(高,安) = 0.25，\quad p(低,警) = 0.10，\quad p(低,安) = 0.30$$

边缘分布：

$$p(高) = p(高,警) + p(高,安) = 0.60，\quad p(低) = p(低,警) + p(低,安) = 0.40$$

条件分布：

$$p(警|高) = p(高,警)/p(高) = 0.58，\quad p(安|高) = p(高,安)/p(高) = 0.42$$

$$p(警|低) = p(低,警)/p(低) = 0.25，\quad p(安|低) = p(低,安)/p(低) = 0.75$$

$$W_1 = \max\{|p(警|高) - p(警)|, |p(警|低) - p(警)|, |p(安|高) - p(安)|, |p(安|低) - p(安)|\}$$

$$= \max\{|0.58 - 0.45|, |0.25 - 0.45|, |0.42 - 0.55|, |0.75 - 0.55|\}$$

$$= \max\{0.13, 0.20, 0.13, 0.20\} = 0.20$$

类似地有

$$W_2 = 0.16, \quad W_3 = 0.45, \quad W_4 = 0.23, \quad W_5 = 0.05$$

匹配亲疏序列：$W_3 > W_4 > W_1 > W_2 > W_5$。设定门槛 $\delta^* = 0.1$，因 $W_5 = 0.05 < 0.1$，可将"现场环境"作为对灾情没有影响的形式因素删去。

2）感知智能的实现

算法 2.2　Alg[感知智能]$(\psi) \to \{\alpha_1, \alpha_2, \cdots\}$（概念集 Δ）

输入：因果表 ψ；概念集 $\Delta := \varnothing$。

输出：规则集。

步骤 1　调用因果归纳树算法。

Alg[因果归纳树]$(\psi) \to$ Tr（将该算法中所用的钻入决定度改用效用度）

将所有规则编号放入规则集 $\Sigma := \{a_k \to b_k\}$（$k = 1, 2, \cdots, K$）

步骤 2　将规则换成概念。

在因果归纳中，条件因素就是形式因素，结果因素就是效用因素，故每条规则都是形式与效用的匹配，就是机制主义的全信息，即概念的内涵。我们的任务，就是要把规则换成概念。

以 j 表示所归纳规则的足码，让在规则集 Σ 中遍历：

$$\underline{\alpha_k} := a_k b_k; \quad [\alpha_k] := [a_k]; \quad \alpha_k := (\underline{\alpha_k}, [\alpha_k])$$
$$\Delta := \Delta + \{\alpha_k\}; \quad \Sigma := \Sigma - \{a_k \to b_k\}$$

步骤 3　概念命名（交由专家处理）。

信息处理过程和结果如下。

得规则集如下。

规则 1：通路→安全（0.35）

规则 2：短路&焦味→报警（0.35）

规则 3：短路&常味&偏湿→安全（0.05）

规则 4：短路&常味&偏干&低温→安全（0.15）

规则 5：短路&常味&偏干&高温→警报（0.1）

将规则变为全信息表示并约简：

通→安	（规则 1）	~~短&焦&湿&高→警~~	（规则 2）
~~通&常&干&低→安~~	（规则 1）	~~短&焦&干&低→警~~	（规则 2）
~~通&焦&湿&高→安~~	（规则 1）	短&常&湿→安	（规则 3）
~~通&焦&干&低→安~~	（规则 1）	短&常&干&低→安	（规则 4）
短&焦→警	（规则 2）	短&常&干&高→警	（规则 5）

最后剩下的 5 行就是 5 个火警的原子概念的因果关系：

$$a_1 = (通 \rightarrow 安), \quad a_3 = (短\&常\&湿 \rightarrow 安), \quad a_4 = (短\&常\&干\&低 \rightarrow 安)$$

$$a_2 = (短\&焦 \rightarrow 警), \quad a_5 = (短\&常\&干\&高 \rightarrow 警)$$

专家命名时可选择：①根据表进行因素编码，因素是码字，相值改为 1、0，就是码子；②按照安警的程度分级取名。

3) 结论

(1)由上述简单的实例可看出，由于问题的初始状态、中间状态及结果状态都可用标准逻辑或模糊逻辑描述，各种算法的描述都可由标准逻辑或模糊逻辑承担，这些似乎与泛逻辑没有关系。但是，由于泛逻辑能够自动生成标准逻辑 $(z = L(x, y), x, y, z \in \{0, 1\})$ 和模糊逻辑 $(z = L(x, y, h), x, y, z \in [0, 1], h = 1)$，如此可避免一个人工智能系统需要诸多逻辑支撑的尴尬局面。

(2)在离开感知智能阶段进入认知智能和谋行智能阶段之后，一般都是粒度较大的分子信息(知识)处理，而且越往后分子信息(知识)的粒度就越大，用一个命题泛逻辑理论体系 $(z = L(x, y, h, k, \beta), x, y, z, h, k, \beta \in [0, 1])$ 就可支撑各种不同应用场景下的逻辑需求，只要因素空间理论能够把原子信息层面的因素蓓蕾不断延伸成为分子信息层面的因素空间藤，并且在每一个聚类、归纳、抽象层面，都根据本层面的目标因素确定了独立的原因因素，泛逻辑就可确定各种因果关系中的信息处理模式参数 $\langle a, b, e \rangle$ 和不确定性参数 $\langle h, k, \beta \rangle$，从而自动生成相应的逻辑算子(或柔性神经元)来精准地支撑这些应用需求，达到对症下药，一把钥匙开一把锁的效果。

2.6　命题泛逻辑与深度神经网络

柔性神经元的研究路线是在 M-P 神经元基础上，一步一步地保持一体两面性的保守扩张(即使输出变换函数 $z = \Gamma[ax+by-e]$ 始终保持不变)，使其逐步具有柔性信息处理的能力，最后得到柔性信息处理的结果，使其**可解释性始终存在**，而现行的人工神经网络的研究路线是仅仅利用数学手段直接采用各种 S-型输出变换函数把 M-P 神经元中的输出变换函数 $z = \Gamma[ax+by-e]$ 替换掉，得到类似于柔性信息处理的表面结果，但是谁也没有能力从各种 S-型输出变换函数中知道神经元的逻辑含义，结果必然是可解释性荡然无存。

人工神经网络，特别是深度神经网络研究中的不可解释性已成为公认的挑战性问题，然而采用本章所描述的柔性神经元的研究路径可以得到解决这一挑战问题的理论思路。

　　按照柔性神经元(包括 M-P 神经元)的方法,黑箱是由一大堆连接系数矩阵(模型)组成的海量数据群,就是这些海量数据群形成的曲面拟合了客观事物的关系曲面。这个曲面复杂得如同地球上的地形地貌(复杂问题)或者大沙漠中的许多沙丘(简单问题)。因此,柔性信息处理的每一个模式都是一个特殊的曲面簇,如同一个特殊的地形地貌簇,一旦发现了这一类地形地貌的特征,它的信息处理模式就确定了,进而言之,其逻辑含义就清楚了,这个区域的可解释性就迎刃而解。所以,柔性神经元的方法可以展示整个黑箱内部的因果关系,具有明确的可解释性。

第3章 因素空间

基于第1章的机制主义的智能理论和第2章的泛逻辑思维，本章要呼应的是数学范式的变革，介绍因素空间理论。

3.1 因素空间是智能研究范式革命的数学产物

智能研究离不开数学。

智能研究需要在世界观和方法论上进行范式变革，作为数学也需要有相应的动作。

"数"与"形"是数学中最早的两个元词，分别长出代数与几何。工业革命在两个元词前面都加上一个变字，得到"变数"和"变形"，再经笛卡儿坐标的结合就出现了微积分。信息革命需要数学再增加新的元词。

一个新的元词"属性"（attribute）在两个数学学派中出现：一个是德国数学家 Wille 所提出的形式概念分析（Wille，1982）；另一个是波兰数学家 Pawlak 所提出的粗糙集（Pawlak，1991）。由于"属性"并非区分信息科学与物质科学的关键词，而且两家对"属性"的词义存在分歧：形式概念分析指属性值；粗糙集指属性名。他们的数学理论不能应对大数据浪潮的挑战。同年，汪培庄创立了因素空间理论（汪培庄等，1982），另行提出了"因素"（factor）这一元词。因素就是认识主体的视角，是区分信息科学与物质科学的关键词。一个因素统帅着一串属性值，因素是比属性更深层次的东西，具有更高的视角。孟德尔最初给基因所起的名字是 factor，就是因素，后来才被后继人狭义化为 gene。所以，因素是一种广义的基因，基因打开了生命科学的大门；因素可以打开信息和智能科学的大门，它是信息革命所需要的数学元词。

因素空间是以因素为轴的广义的笛卡儿空间，是事物与思维描述的普适性数学框架。如果说微积分是工业革命的数学符号，那么因素空间就是信息网络时代的新的数学符号！

因素空间是智能研究范式革命的数学产物。

因素空间是 factor analysis 理论的继承和发扬（Thurstone，1931），因素空间的英文名称是 factor space，其中"factor"一词与 Thurstone 的用词同义，它不是 quotient 的同义词。为了区别 factor space 与 quotient space，因素空间也可译为 factor information space。

作为对钟义信教授的智能科学范式革命(钟义信，2020)和何华灿教授的逻辑范式革命(何华灿等，2023)的响应，因素空间是相应范式革命的数学产物。

因素空间研究新范式的科学观是中华文化的整体观。机械唯物论与整体观之间存在局部与全局的分野：前者只看重物质客体，后者关注人类主体与物质客体以及它们之间的相互作用。中医把人放在天地之间，从整体上来观察人体的阴阳平衡。"阴阳"就是观察万物至上的"元"因素，"阴阳平衡"乃是判定一个人有病无病的判据。因素可以自上而下地逐步细化而形成因素谱系。因素是概念的编码器，因素谱系是知识本体的整体描述。

智能研究新范式的方法论是中华文化的辩证法，阴阳二字落实到一个具体事物上，究竟是阴虚阳实还是阴实阳虚，是相对的、辩证的，要根据具体场景、上下文和目的来确定。泛逻辑的这一辩证思想正需要用因素空间来衬托。因素空间是变维的笛卡儿空间，维的变换使场景随形势的变化而变化，因素空间是演示辩证法的舞台。

旧数学范式只能提供数据驱动的不可理解黑箱，因素空间却能提供思想驱动的可理解算法。

3.2 因素空间的定义与性质

信息是物质与精神相结合的产物，它是物质在人脑中的反映。但这种反映不同于镜像，同一事物在人脑中可以产生不同的映像。横看成岭侧成峰，庐山究竟是岭还是峰，要看你从什么角度去看，因素就是人脑提取信息和考虑问题的角度。它在数学上被定义成一种把事物变为信息的映射。

定义 3.1 因素是一个映射

$$f: D \rightarrow I(f) \tag{3.1}$$

式中，D 称为 f 的定义域或论域；$I(f)$ 称为 f 的信息域或相域。

例如，因素 $f=$颜色，$D=$某个花圃中的花，$I(f)=\{$红，黄，蓝，白，黑$\}$。颜色把花圃中的每一朵花变成一种信息，变成红、黄、蓝、白、黑中的某一相。在这里，相代表属性或状态。一般说，相除了代表性状外，还可以代表效用和愿望。

只有通过因素才能数学地描述信息。

定义 3.2　设 a 是 $I(f)$ 中的一个相，则

$$f(d) = a \qquad\qquad (3.2)$$

称为**知元表达式**。其中，$f(d)$ 称为 d 的信息或相值。

例如，d 是所停的某辆车，f 代表颜色，a 代表红色，式 (3.2) 的意思就是说：这辆车的颜色是红的。这是认知过程最原始的环节，知元表达式在感知的源头上引入了因素这个新的数学符号。

3.2.1　因素是广义的变量

因素之所以是因果分析的要素，是因为它具有可变性。因素的相域 $I(f)$ 是一串属性、效用或欲望词汇，它不是相的随机凑合而是人脑许可的一个整齐阵列。例如，颜色的相域只能包括红、黄、蓝等色而不能混入圆、大等词汇。这种许可出自人脑的本能，是机器最难学到而依附于人的东西。

因素是变相，它在自己的相域中取值变化，是广义的变量。传统数学中的变量和函数都符合因素的定义，都是因素；概率论与数理统计中的随机变量和样本也都符合因素的定义，都是因素。

因素可以把定性的相域嵌入欧几里得空间的定量相域中去，转化为普通的变量。前提是要把相域按一定目标有序化。当 $I(f)$ 变成了全序或者偏序集合以后，定性相域就可以嵌入到一个实数区间或多维超矩形里。这个实空间可以选择为 $[0,1]$ 或者 $[0,1]^n$，这时，所有相都是对目标的某种满足度。而满足度又可化为某种逻辑真值，这是因素空间为泛逻辑理论的施展而搭建的平台。

既然因素是变量的推广，传统数学中的精华都可以移植到因素空间的理论中来。

因素与属性不能混淆。属性能问是非，例如："这花是紫的吗？"，因素不能问是非，例如："这花是颜色吗？"。属性是被动描述的静态词；因素是主动牵引思想的动态词。但是，这种区别不是绝对而是相对的，在一个语境中的相在另一个语境中可以转化为一个因素，或者相反。我们必须随时随刻区分该词究竟是因素还是相。因素是相在变动中的不变性，当我们感到困惑的时候，就要看这个词现在是在变还是不变。

3.2.2　因素空间的定义

给定一组定义在论域 D 上的简单因素集 $\underline{F} = \{f_{(1)}, f_{(2)}, \cdots, f_{(n)}\}$，幂 $F = P(\underline{F})$ 是由简单因素所组成的一切子集的集合，任意子集 $\{f_{(1)}, f_{(2)}, \cdots, f_{(k)}\} \mid \subseteq \underline{F}$ 都是定义

在 D 上的一个复杂因素，它们构成了一个因素空间。

定义 3.3 称 $\phi f = (D, \underline{F}) = (D, f_{(1)}, f_{(2)}, \cdots, f_{(m)})$ 为 D 上的一个因素空间，如果对任意 $\{f_{(1)}, f_{(2)}, \cdots, f_{(k)}\} \subseteq \underline{F}(0 \leqslant k \leqslant m)$，都有

$$I(\{f_{(1)}, f_{(2)}, \cdots, f_{(k)}\}) = I(f_{(1)}) \times I(f_{(2)}) \times \cdots \times I(f_{(k)}) \tag{3.3}$$

若 $f = \{f_{(1)}, f_{(2)}, \cdots, f_{(k)}\}$ 且 $k = 1$，则称 f 是元因素或简单因素；若 $k > 1$，则称 f 是由 $f_{(1)}, f_{(2)}, \cdots, f_{(k)}$ 所合成的复杂因素；当 $k = n$ 时，记 $I = \{f_{(1)}, f_{(2)}, \cdots, f_{(n)}\}$，称为全因素；当 $k = 0$ 时，记 0 具有单点相域 $I(0) = \{\varnothing\}$，称为零因素。如图 3.1 所示，任何事物都可以像张三这样被映射成为因素空间中的一个点，因素空间为一般事物的描述提供了普适性的数学框架。

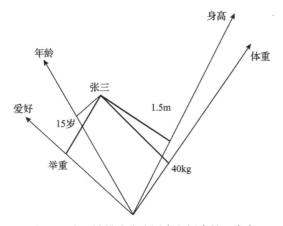

图 3.1 张三被描述成为因素空间中的一个点

$I = I(f_{(1)}) \times I(f_{(2)}) \times \cdots \times I(f_{(n)})$ 称为全因素的信息空间。若把每个因素的相域视为一个坐标轴，I 就是由多个坐标轴所张成的坐标架。任何事物都经过多个因素(元因素或非元因素)而被映射成全信息空间中的一个点，因素空间便成为事物描述的普适性框架。它是笛卡儿坐标的推广。笛卡儿坐标的维数是固定的，因素空间是变维的空间。我们可以把 F 视为足码集，因素 $f \in \underline{F}$ 是足码，相空间 $I(f)$ 随着足码的变化而从高维突降到低维或从低维突升到高维,运用起来十分灵活。

每个因素 f 确定一个划分关系 $\sim$：$d \sim d'$ 当且仅当 $f(d) = f(d')$。记 $H(D, f) = \{[a_i] | i = 1, 2, \cdots, n\}$，称为 f 对 D 的划分。把每个类 $c_i = [a_i]$ 看成一个元素而形成一个集合 $D/f = \{c_i | i = 1, 2, \cdots, n\}$，称为 D 关于 f 的商集。

如果 $H(D, f)$ 中的任意一个类都被 $H(D, g)$ 中的一个类所包含，则称 f 的划

分比 g 细，或称 f 的划分能力比 g 强，记作 $H(D,f) \supseteq H(D,g)$ 或 $f \geqslant g$。

粗弱细强，分辨的粗细与划分的强弱具有互逆向的倾向。

记 F_D 为在 D 上由定义的所有因素所构成的集合。不难证明，$(F_D, \geqslant)$ 是一个偏序集。最强的因素能把 D 划分成单点集，每类都只含有一个对象。最弱的因素则把 D 中所有对象都映射成为同一个相，它不对 D 进行分割，划分能力为零，便是零因素。所有的零因素在功能上相互等价，互不区分，这就是定义 3.3 中的零因素 0。

定义 3.4（背景关系） 给定 D 上因素空间 ϕ 中一组因素 $f_{(1)}, f_{(2)}, \cdots, f_{(k)}$（不论是简单还是复杂的），记

$$R = \{a = (a_1, a_2, \cdots, a_k) \in I(f_{(1)}) \times I(f_{(2)}) \times \cdots \times I(f_{(k)}) | 存在 d \in D 使 f_{(1)}(d) = a_1, \cdots, f_{(k)}(d) = a_k\}$$

称 R 为 $f_{(1)}, f_{(2)}, \cdots, f_{(k)}$ 的背景关系或它们所形成的背景集。

背景关系是一组因素相域的笛卡儿乘积空间 $I(f_{(1)}) \times I(f_{(2)}) \times \cdots \times I(f_{(k)})$ 中那些在 D 中有根的组相所成的子集，它要去掉那些在 D 中无根的组相。从 D 的角度看，这些无根组相是实际不存在的虚相，R 就是 D 所映射出的实际存在的笛卡儿乘积空间。

若 $R = I(f_{(1)}) \times I(f_{(2)}) \times \cdots \times I(f_{(k)})$，则称因素 $f_{(1)}, f_{(2)}, \cdots, f_{(n)}$ 互不相关；若一组因素是相关的，则 R 不能等于 $I(f_{(1)}) \times I(f_{(2)}) \times \cdots \times I(f_{(k)})$ 而必须是它的真子集。因素空间是研究因素相关性的数学，背景关系是因素空间理论的核心概念。

事物是量与质的统一，属性是质的表，因素是质的根。若把质根想象成一种有形的团粒，零因素是空团粒，全因素是最大团粒。团粒越大，因素的分辨能力越强。因素的合取使质根团粒增大。要提高因素的划分能力，质根团粒的合并涉及因素的运算。

定义 3.5（因素的质根运算） 如果因素 h 的质根是 f 和 g 的质根之并，则 h 称为因素 f 与 g 的合成，记作 $h = f \cup g$，如果 h 的质根是 f 和 g 的质根之交，则 h 称为因素 f 与 g 的分解，记作 $h = f \cap g$。

例 3.1 美食家评价菜肴，论域 D =接受评判的所有菜肴所成之集。判别的元因素有：$f_{(1)}$ =色，$I(f_{(1)}) = \{美，中，丑\}$；$f_{(2)}$ =香，$I(f_{(2)}) = \{香，臭\}$；$f_{(3)}$ =味，$I(f_{(3)}) = \{鲜，常，差\}$。由合成产生的复杂因素有：$f_{(4)} = f_{(2)} \cup f_{(3)}$ =香味；$f_{(5)} = f_{(1)} \cup f_{(3)}$ =色味；$f_{(6)} = f_{(1)} \cup f_{(2)}$ =色香；$f_{(7)} = f_{(1)} \cup f_{(2)} \cup f_{(3)}$ =色香味。这些复杂因素又可分解成简单因素，如 $f_{(4)} \cap f_{(5)}$ =味，$f_{(4)} \cap f_{(6)}$ =香，$f_{(5)} \cap f_{(6)}$ =色；$f_{(1)} \cap f_{(2)} = f_{(2)} \cap f_{(3)} = f_{(1)} \cap f_{(2)} = 0$（零因素）。

命题 3.1 $f \cup g = \mathrm{Sup}(f, g)$，$f \cap g = \mathrm{Inf}(f, g)$，这里 Sup 和 Inf 分别是因素

按序关系≥定义的上、下确界。

因素的合成运算使注意的分辨率提高, 对论域的划分能力加强; 分解运算使注意的分辨率降低, 对论域的划分能力减弱。

定义 3.6(因素的逻辑运算)　给定因素 f、g 和 h, 如果因素 h 对论域的划分关系 $\sim_{且}$ 被定义为 $d\sim_{且}d'$, 当且仅当 $f(d)=f(d')$ **且** $g(d)=g(d')$, 则称因素 h 是 f 和 g 的合取, 记作 $h=f\wedge g$; 如果因素 h 对论域的划分关系 $\sim*_{或}$ 被定义为 $d\sim*_{或}d'$, 当且仅当 $f(d)=f(d')$ 或 $g(d)=g(d')$, 则称因素 h 是 f 和 g 的析取, 记作 $h=f\vee g$, 这里, $\sim*_{或}$ 是 $\sim_{或}$ 的传递闭包。由于关系 $\sim_{或}$ 不具有传递性且不是等价关系, 不能确定划分, 所以必须用它的传递闭包来取代。

合取运算使注意的分辨率提高, 对论域的划分能力加强; 析取运算使注意的分辨率降低, 对论域的划分能力减弱。

我们介绍了因素的质根运算和因素的逻辑运算。二者之间的关系是注意着眼点的外延和内涵的关系, 就像概念外延与内涵的关系一样, 具有逆向对合性。

命题 3.2　$f\wedge g=f\bigcup g$, $f\vee g=f\bigcap g$。

因素空间装备着两个同构的格结构 $(F_D, \wedge, \vee)$ 和 $(F_D, \bigcup, \bigcap)$。在一定条件下, 可以分别加进"非"和"余"运算而形成两个同构的布尔代数。

命题 3.3(公因子性)　$f\vee g=0$(即 $f\bigcap g=0$) 当且仅当 f 与 g 不相关。

我们提倡精致的工匠精神, 这需要提取新的因素。好的工匠、厨师, 他们超越了普通人, 能够掌握一些人们没有意识到的因素, 而这些因素往往是人们感知到的因素的公共子因素。若能将因素析取的理论转化为数据实验, 得到精细化过程的核心技术, 这将是很有意义的课题。

因素除了逻辑与质根的运算之外, 评价和决策还不能离开因素的权重运算。

传统数学中的变量都是因素, 它们之间的数值运算也都应保留在因素空间的框架之内。这只要把相域放到实欧几里得空间中去就行了。

3.2.3　背景基

背景关系对因素空间理论的重要性等同于联合分布对随机变量理论的重要性(汪培庄, 2018)。

定义 3.7　给定 D 上因素空间 ϕ 中一组因素 $f_{(1)}, f_{(2)}, \cdots, f_{(k)}$, 若 $f_{(1)}, f_{(2)}, \cdots, f_{(k)}$ 的背景关系 R 是 k 维欧几里得空间中的一个凸子集, 则称其所有顶点所成之集 $B=B(R)$ 为该空间的背景基, B 中的点称为 R 的基点。

根据凸集理论, R 的所有点都可以由其基点生成, 亦即对 B 取凸闭包就可以得到 R。所以, 背景基 B 是对 R 的无信息损失压缩, 这是大数据处理的关键。

问题就是如何提取背景基。这要用到夹角判别法。

夹角判别法：给定背景基 B，设 o 是 B 的中心，x 是 B 外的一点。若对 B 中所有点 x_i，射线 xx_i 与射线 xo 均成锐角，亦即 $(x_i-x, o-x) \geqslant 0$，则判定 x 不是 B 的内点；否则，若有一个 x_i 使 $(x_i-x, o-x)<0$，则认为 x 是 B 的内点。

这个判别法具有近似性，但不损害算法的有效性。

在理解了背景基在因素空间中扮演的重要角色后，需要有效的方法来提取背景基。为此，本章引入了夹角判别法，这为识别和提取背景基提供了基础。接下来，介绍具体的背景基的夹角提取算法。

算法 3.1　背景基的夹角提取算法

Alg[夹角提取基点]$(R) \rightarrow B$

输入：背景关系的样本点集 $R=\{x_i=(x_{i1}, x_{i2},\cdots,x_{ik})\}$ $(i=1, 2,\cdots,m)$；$B:=$空集。

输出：背景基 B

步骤 1　找 B 的大轮廓：

对 $j = 1$ to k，

　　$i^\wedge= \operatorname{argmax}_i\{x_{ij}|i = 1,2,\cdots,m\}$，$\underline{i} = \operatorname{argmin}_i\{x_{ij}|i = 1,2,\cdots,m\}$；

　　$B:= B+\{x_{\underline{i}}, x_{i^\wedge}\}$；$R:= R\backslash\{x_{\underline{i}}, x_{i^\wedge}\}$；

End j；

步骤 2　$o:= R$ 的中心；

对 $i = 1$ to m $(x_i \in R)$，若 R 为空，则转向步骤 3；

　　对 $i' = 1$ to m $(x_i \in R\backslash\{x_i\})$

　　　　若 $(o-x_{i'}, x_i-x_{i'})<0$，则 $R:= R\backslash\{x_i\}$（判 x_i 为 R 的内点，弃而不顾）；

　　End i'；

　　吸纳 x_i 为新基点：$B:= B+\{x_i\}$；$R:= R\backslash\{x_i\}$；

　　用新基点淘汰可能淘汰的旧基点：

　　让 y 遍历 B

　　　　记 o_B 为 $B\backslash\{y\}$ 的中心；

　　　　让 y' 遍历 $B\backslash\{y\}$

　　　　　　若 $(o_B-y', y-y')<0$，则 $B:= B\backslash\{y\}$（y 失去基点资格）；$R:= R\backslash +$
　　　　　　$\{y\}$；

　　　　End y'；

　　End y；

End i；

步骤 3　停机，输出背景基 B。

因素空间的数据处理思想就是要把网上吞吐的数据实时地转化为背景基点,面对大数据的涌入,数据库只冷静接收一个饱含信息的小数据集。每输入一个新的数据,都要判断它是否是背景基的内点,若是,则不理会它,否则将它纳入样本背景基,并对原有基的点进行审查,及时淘汰那些蜕化为内点的旧顶点。

背景基的有效性直接依赖背景集的样本大小,样本太小,背景关系就不可靠,所提取的背景基也不可靠,大数据是背景基的福音,它提供可靠的母体信息,背景基也就充分可靠。由于背景基是小数据集,它也就成了大数据的克星。

3.2.4　因素谱系

1. 知增表达式

在数学上,一个概念是一个二元组 $\alpha = (\underline{\alpha}, [\alpha])$,其中,$\underline{\alpha}$ 是对概念 α 的描述语句,称为 α 的内涵,$[\alpha]$ 是由满足内涵描述的全体对象所成之集,称为 α 的外延。

婴儿出生的时候只有零概念,内涵是零描述,外延是整个宇宙混沌一团。人类知识是从零概念开始经过一步一步概念团粒分裂细化演变而来的。每次分裂,概念团粒缩小,内涵描述语句增加,一个上位概念分裂成几个下位概念,这就是知识的增长。那么,概念团粒是靠什么来细分的呢?

每一个概念内涵描述单元都是因素所表达的一个知元表示句,所以,概念团粒是靠因素来细分的。

除了至上的元因素之外,下层的因素都有一定的定义域,因素只在定义域内中的对象有意义。只有满足什么条件我们称 f 对 u 有意义?

设 f = "生命性",$I(f)$ ={有生命,无生命},u_1 = "飞鸟",因 $f(u_1)$ = "有生命",答案在相域 $I(f)$ ={有生命,无生命}中,我们称 f 对 u_1 有意义;u_2= "石头",因 $f(u_2)$ = "无生命",答案在相域 $I(f)$ ={有生命,无生命}中,我们称 f 对 u_2 有意义。u_3= "仁",u_3 是儒家的一个精神概念,问它有无生命,没有意义,没法回答,既不能说有,也不能说无,因 "仁" 不在相域 $I(f)$ 中,我们称 f 对 u_3 没有意义。无论回答是有还是无,只要答案在相域 $I(f)$ 中,提问都有意义,f 对 u 就有意义;若答案在相域 $I(f)$ 中找不到,提问便无意义,f 对 u 就无意义。

给定 D 上一个待分的上位概念 α。设 f 在 D 上有意义且不是零因素,按照它所映射出来的相值把 D 中的对象进行了分类,每个类都是一个子概念的外延,其内涵就是在上位概念的内涵描述之外加上 f 的相值描述。这样分出的子概念称为上位概念的下位概念,这就是因素划分概念的过程,而这也是知识增长的基本模式(汪培庄等,2023)。

知增表达式如下：

$$f: \quad \alpha \rightarrow \{\alpha_1, \alpha_2, \cdots, \alpha_k\} \tag{3.4}$$

式中，α是上位概念；$\alpha_1, \alpha_2, \cdots, \alpha_k$是$\alpha$所划分出来的一组下位概念。

知元表达式(3.2)表达了认知之元，知增表达式则强调知识的增长，式(3.4)也将成为知识定量计算的依据。

每一个知增表达都是用一个划分因素f把一个上位概念分解成几个子概念。

例3.2　"虚实"：宇宙→{精神，物质}。

这是首个知增表达式，"虚实"和阴阳近似，也是定义在万事万物上的一个普适因素，它把宇宙划分成两大类，宇宙被细化为物质与精神两个子概念。继续下来可以有一系列的知增表达式，例如：

"生命性"：物质→{生物，非生物}；

"能动？"：生物→{动物，植物}；

"有机？"：非生物→{无机物，有机物}；

"脊椎？"：动物→{脊椎动物，非脊椎动物}；

"高度？"：植物→{乔，灌，草，苔}；

"哺乳？"：脊椎动物→{哺乳脊椎动物，非哺乳脊椎动物}。

"文理？"：精神→{文科，理科}。

2. 因素谱系的定义

把每个知增表达式前面的因素挪到箭头上面命名一个有向边，这个边以上位概念为前节点，以下位概念为后节点，便形成一个图基元。由于后节点不止一个，这样的图基元称为多支图基元，由多支图所形成的知识图谱称为超知识图谱。

定义 3.8　由以因素为边的图基元所构成的集合称为一个因素谱系(汪培庄等，2023)。

因素谱系就是数学定义的知识图谱，但为了不与现存带歧义理解的"知识图谱"相混淆，改称因素谱系。

例3.2中8条概念划分语句所形成的因素谱树见图3.2。图3.2中，每个图基元的边上都加一个菱形，用来标注因素的名称，以突显因素的地位。同时，也想显示因素起着程序判别器的作用。

单一目标所确定的因素谱系都是因素谱树。多目标所确定的因素谱系不是树状而是林状。

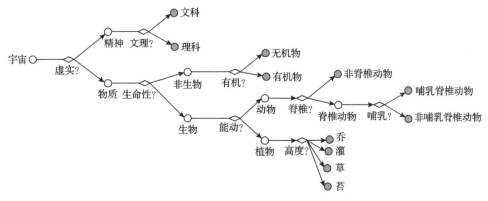

图 3.2　8 条概念划分语句所形成的因素谱树

因素谱系可以通过嵌入的方式展开。如果一张因素图谱的始祖节点是另一张因素图谱的一个后节点，那么我们就可以把前一张图整个移植到此末节点上而形成一个更大的图。这一过程称为嵌入。嵌入的反过程称为关闭；可嵌入和关闭的节点称为一个窗口。这是现行网站所不可缺少的特性。

在图 3.2 中，概念"理科"是一个后节点。现以它为始祖概念，引入 2 个知增表达式：

"理科结构"：理科→{数学，物理，化学}；

"数学结构"：数学→{几何，代数，分析}。

图 3.3 就是这 2 条概念划分语句所形成的因素谱树。

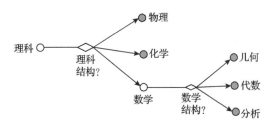

图 3.3　2 条概念划分语句所形成的因素谱树

现在，把[理科]起始的因素谱树嵌入宇宙起始的因素谱树，就集成更复杂的宇宙因素谱，见图 3.4，节点"理科"就是一个可开闭的窗口。

3. 根因素与派生因素

因素谱系是以因素为边而连成的谱系。因素是数不尽的，为了减少因素的数目，需要提出根因素和派生因素的概念。设因素 f 表示"形态"，又设 D=[头像]是由一组头像组成的外延，因素"面部形态"可以写作[头像]f，[头像]称为

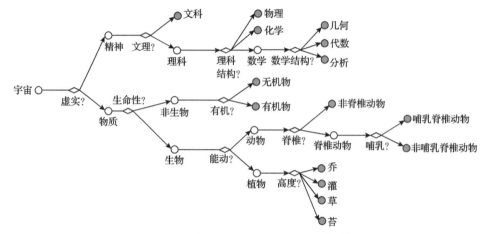

图 3.4　8+2 条概念划分语句所成的因素谱树

f 的限制域；$D'=[眼睛]$ 是由一组眼睛组成的论域，因素 "眼部形态" 可以写成 $[眼睛]f$，$[眼睛]$ 也称为 f 的限制域。我们把 "形态" 称为根因素，把 "面部形态" 和 "眼部形态" 都称为 "形态" 的派生因素。面部形态关心的是五官的搭配，眼部形态关心的是眼睛的大小和亮度，二者具有不同的相域，信息的刻画方式完全不同，是两个不同的因素。但用根因素来串联，可以大大减少因素名称。根因素与派生因素是相对而言的，但目标、形式和效用却是人工智能绝对意义上的 3 个根因素。

人的思考离不开目标，按目标来衡量效用，目标与效用可以共用因素，合称目标/效用因素。它要由有关领域的专家来制定，由粗到细，宏观策划。例如 "生活素质" 是一个目标/效用因素，它可以细分为生存、物质生活、精神生活、社会环境等；生存又可以细分为衣、食、住、行、医、保等。如此形成一个目标/效用因素树，每个因素都有明确的相域。力求简短，减少因素编码的码字。

在固定目标/效用以后，形式因素可以用一个根因素 x，称为 "形式"，它的派生因素几乎可以涵盖所有的形式因素。

每个概念的内涵包括形式与效用两部分，描写内涵的因素也包含形式因素 x 与效用因素 y 两部分。y 相对稳定写在前，x 写在后，不断细分。以概念 α 为起点因素谱树记为 $[\alpha]^y$，对 α 的任意子概念 β，都有根因素 x 的派生因素 $[\beta]x$，它以 $[\beta]$ 为定义域，但具有与 x 不同的相域。这样，由根因素 x 生成的派生因素集合也构成一个因素谱树，记作 $[\alpha]x^y$，称为 x 关于 $[\alpha]^y$ 的派生因素谱树。

4. 因素蓓蕾和因素空间藤

一个因素谱树是在一定目标之下所形成的树结构。相对于一个起始概念，每个概念节点有明确的代别，可以用第几代子孙概念来称呼。不同的目标会产生不同的树结构而成为林。就像家谱一样，表哥可以变成舅舅，出现混代的现象。这并不可怕，家谱不至于因此而出现大的混乱。林状的因素谱系会出现多个图基元共享同一个前节点。以这种节点作窗口，打开就是一个因素空间。

定义 3.9　有两个以上因素图基元的边所共有的前节点，称为因素谱系的一个蓓蕾，只保留蓓蕾的一个因素谱系称为一个因素空间藤。

3.2.5　因素编码——知识本体的 DNA

概念是用因素来表达的，描述一个概念的因素称为该概念的内涵素。因素是概念内涵的码字，可以实现概念的编码。所有的知识体系都是概念体系，因素编码是概念体系的 DNA，是人工智能未来发展的核武器。

词汇的歧义性、多义性和反义性是自然语言理解的障碍，语言学家曾试图寻找编码，但因没有一种数学理论来分析语素，一直未能突破，因素空间正是他们所需要的数学工具。

概念 α 的内涵 $\underline{\alpha}$ 由概念的内涵素 $f_{(1)}, f_{(2)}, \cdots, f_{(n)}$ 来描述，将描述句 "$f_i(e) = u_i$" 简记为 $f_{(i)}^i$，这里，足码 (i) 指出 u_i 在 $I(f_i)$ 中是第几个相。

定义 3.10　设概念 α 的内涵素是 $f_{(1)}, f_{(2)}, \cdots, f_{(n)}$，分别具有相域 $I(f_j) = \{a_{j1}, a_{j2}, \cdots, a_{jk}\}$ $(j = 1, 2, \cdots, n)$。记

$$\alpha^{\#} = f_{(1)}^1 \cdots f_{(n)}^n$$

$\alpha^{\#}$ 称为概念 α 的因素编码。$f^j = f_j$ 称为码字或码名，足码 (j) 称为 f_j 的码子或码值。

例如，设 $\alpha =$ "雪"，内涵素 $f_{(1)} =$ "颜色"，$I(f_{(1)}) = \{1\ 黄，2\ 白，3\ 黑\}$，内涵素 $f_{(2)} =$ "来源"，$I(f_{(2)}) = \{1\ 雨水，2\ 纸张，3\ 其他\}$，取 $(1) = 2$，$(2) = 1$，则概念 "雪" 的因素编码是

$$\alpha^{\#} = f_{(1)}^1 f_{(2)}^2 = f_2^1 f_1^2$$

从这一编码就直接解读出雪的内涵是："它的颜色是白的" 且 "它是雨水变的"。

因素编码的逻辑特征：若概念甲的因素编码是乙的一部分，则概念乙蕴含甲。

人的概念虽然不计其数，但都是由上位概念逐次分化出来的。知增表达式 (3.4) 给出了上下位概念的划分过程，这也就是因素编码的生成途径。

定义 3.11　若 $f_{(1)}, f_{(2)}, \cdots, f_{(n)}$ 是概念 β 关于上位概念 α 的内涵素，记

$$\beta_{\alpha}^{\#} = f_{(1)}^1 \cdots f_{(n)}^n$$

$\beta_\alpha^{\#}$ 称为概念 β 关于 α 的相对因素编码。

例如，上位概念 α 是"猴子"，因素 g 是"雌雄"，下位概念 β 是"公猴子"，"性别为雄"就是"公猴"对"猴子"的相对内涵。

由于下位概念的内涵等于上位概念的内涵与下位概念关于上位概念的相对内涵的合取。于是便得到如下一个重要的原理。

因素编码原理　　下位概念的因素编码等于上位概念 α 的因素编码加上 β 关于 α 的相对编码：

$$\beta^{\#} = \alpha^{\#} + \beta_\alpha^{\#} \tag{3.5}$$

式中，加号表示码子序列的连接。

相对编码可以通过链接加法增加编码的长度：

$$\beta_{3,\beta1}^{\#} = \beta_{3,\beta2}^{\#} + \beta_{2,\beta1}^{\#}$$

易证，相对编码的链接加法满足结合律：

$$\beta_{4,\beta3}^{\#} + (\beta_{3,\beta2}^{\#} + \beta_{2,\beta1}^{\#}) = (\beta_{4,\beta3}^{\#} + \beta_{3,\beta2}^{\#}) + \beta_{2,\beta1}^{\#}$$

因素编码原理告诉我们：概念的因素编码由上下位相对编码唯一确定，对于一棵确定的概念树，无论多长，其因素编码都是确定的。

在给定场景下，用相对因素编码就够了。但相对编码不是绝对编码，在刚才所举的例子中，若离开猴子的范畴，所面对的对象是一匹马，则前述的编码就指向一匹公马。怎样从相对编码得到绝对编码呢？因素编码原理告诉我们：只要自下而上地连续应用式(3.5)，就可以回溯到绝对编码。

不同的目标所形成的因素谱系，因打破了概念的世代关系，同一概念会有不同的编码。但这并没有坏处。就像图书馆为读者设计不同的索引一样，可以更方便读者。无论一个概念是否可能有多种编码，只要任意两个不同的概念都不会得出相同的编码，则这样的编码就具有可用性。

我们已经从理论上解决了因素编码的生成机制，剩下的只是具体实现问题。

原始概念是零概念，其内涵描述是空的，其外延是宇宙。在宇宙上定义的因素不止一个，究竟选谁与目标因素有关。假定我们的目标是求智。按此目标，形式因素则可选择元因素 $x =$ "虚实"，具有相域 $I(x) = \{$实，虚$\}$。

按知增表达式得到例3.2中的第1个2支图基元虚实：宇宙→$\{$物质，精神$\}$。于是得到物质与精神这两个子概念的因素编码：

$$物质^{\#}= Kx_1, \quad 精神^{\#}= Kx_2$$

需要说明的是，本来，物质$^{\#}=f^1_{(1)}f^2_{(2)}$，其中，目标因素是$f^1=$"求智"，具有相域{知识，品德，技能}，(1)=1，选的是第 1 相，于是$f^1_{(1)}=$"知识"，简记为$f^1_{(1)}=K$；形式因素是$f^2=$"形式"$=x$，(2)=1，选的是x的第 1 相，故有物质$^{\#}=Kx_1$；类似地，精神$^{\#}=f^1_{(1)}f^2_{(2)}=Kx_{(2)}$，其中，(2)=2，故有精神$^{\#}=Kx_2$。

以物质为上位概念，用"生命性"来进行概念划分，得到例 3.2 中的第 2 个 2 支图基元：

"生命性"：物质→{生物，非生物}。而生命性是根因素x关于物质的派生因素，即"生命性"=[物质]x，故生物和非生物关于物质的相对因素编码分别是

$$生物^{\#}=([物质]x)_1, \quad 非生物^{\#}=([物质]x)_2$$

按因素编码原理(3.5)和物质的编码，它们的绝对因素编码分别是

$$生物^{\#}=物质^{\#}+([物质]x)_1 = Kx_1([物质]x)_1$$
$$非生物^{\#}=物质^{\#}+([物质]x)_2 = Kx_1([物质]x)_2$$

以生物为上位概念，用"能动性"来进行概念划分，得到例 3.2 中的第 3 个 2 支图基元：

"能动性"：生物→{动物，植物}。而能动性是根因素x关于生物的派生因素，即"能动性"=[生物]x，动物和植物关于生物的相对因素编码分别是

$$动物^{\#}=([生物]x)_1, \quad 植物^{\#}=([生物]x)_2$$

按因素编码原理(3.5)和生物的编码，它们的绝对因素编码分别是

$$生物^{\#}=Kx_1([物质]x)_1([生物]x)_1, \quad 非生物^{\#}=Kx_1([物质]x)_1([生物]x)_2$$

以非生物为上位概念，用"有机"来进行概念划分，其图基元是"有机性"：非生物→{有机物，无机物}。而有机性是根因素x关于非生物的派生因素，即"有机性" = [非生物]x，有机物和无机物关于非生物的相对因素编码分别是

$$有机物^{\#}=([非生物]x)_1, \quad 无机物^{\#}=([非生物]x)_2$$

按因素编码原理(3.5)和生物的编码，它们的绝对因素编码分别是

$$有机物^{\#}=Kx_1([物质]x)_1([生物]x)_2([非生物]x)_1$$

$$无机物^{\#}=Kx_1([物质]x)_1([生物]x)_2([非生物]x)_2$$

可以想见，随着嵌套层次的增加，编码表示会越来越复杂，为此提出因素简码。简化原则如下：

(1) 只保留最前最后的 2 个 x；

(2) 去掉所有的圆括号。

前述三对概念的绝对因素编码简化为

$$生物^{\#}=Kx_1[物质]_1；非生物^{\#}=Kx_1[物质]_2$$

$$动物^{\#}=Kx_1[物质]_1[生物]_1；植物^{\#}=Kx_1[物质]_1[生物]_2$$

$$有机物^{\#}=Kx_1[物质]_1[生物]_2[非生物]_1；无机物^{\#}=Kx_1[物质]_1[生物]_2[非生物]_2$$

例 3.2 中其余概念的绝对因素编码都可以简化，恢复原状也十分简单，不再枚举。简化的因素编码称为因素简码。只要形式因素都是元因素 x 的派生因素，都可用简码。

因素编码已经在理论上有所突破，剩下的只是实践问题。

3.3　因素空间是因果革命的基础

3.3.1　珀尔的"因果革命"论

图灵奖得主珀尔(Judea Pearl)于 2018 年出版了《为什么——关于因果关系的新科学》一书，引起了人工智能界的高度重视。他高举起"因果革命"的旗帜，批判了皮尔逊对因果性的禁令，指出因果推断是人类与生俱来的思维能力（儿童从小就到处问为什么），现代科学不是发扬而是泯灭因果推断，他要进行一场新的科学革命(Pearl et al., 2018)。

皮尔逊是数理统计的创始人，他和他老师高尔顿曾经把数理统计视为对随机现象进行因果分析的工具，通过条件概率和条件分布来寻因问果。但在数理统计中曾经出现过遗传回归的争论。以父亲身高为条件求儿子身高的条件分布，呈明显的正相关，从相关椭圆的主轴到条件期望轴之间的有向角是指向自变量轴的，这就是遗传回归性。其实，这是一种伪证，因为任何正相关的变量都具有这一偏转的数学性质。为了反驳这一论断，有人提出把父子两轴互换，以儿子身高为条件求父亲身高的条件分布，一样可以得到父亲的条件期望线向儿子身高轴回归。难道儿子可以向父亲遗传吗？这本来是对反驳伪证一个有力的支援，但在高尔顿和他的学生皮尔逊眼里，正向推理是天使，是数理统计所要挖掘的因果性真谛，而每个这样的推理都在数学上伴随一个逆向推理，是假的因果，是装扮天使的魔鬼。在关键时刻，一个有利于他们揭穿伪命题的怪物的出现使他们感到自己陷入一种荒诞的怪圈，于是挂起免战牌，禁止学者们在数理统计中继续探讨因果性问题，使这个最有可能深入研究因果性的科学领域成了因果性研究的禁区，至今仍制约着数理统计和人工智能的发展。

狭义因果是因制造或生成了果，但除此之外还有一种广义的因果。日出则鸡鸣，这是狭义的因果，反过来，鸡鸣则日出，虽不具有真生性，日出显然不是由鸡呼唤出来的，但若鸡鸣则必有日出，这是符合逻辑的一种逆向推理。

从效用上说，"日出则鸡鸣"只是一句大实话，但"鸡鸣见日出"却是在钟表出现之前人类生活的重要预报。佛家强调互为因果，就是不搞狭义因果论而主张广义因果论。这一点对于西方机械唯物论的皮尔逊来说是很难接受的。在概率论中，甲乙两个随机变量的联合分布既决定了甲对乙的条件分布，也同时决定了乙对甲的条件分布，在数理统计中处处都出现两个相反的条件分布。皮尔逊把狭义因果当成天使，把广义因果当成欺诈的魔鬼，他就经常陷于迷茫，竭力回避对双向条件分布做出合理的因果解释，一旦有人把这一忌讳的论题用在最尖锐而现实的学术争论上，他便惊慌失措地发布这种反常的禁令。

珀尔没有从改变对广义因果的歧视这一根本原因上来纠正皮尔逊的错误，就不可能正确评估概率论与数理统计在因果分析方面所起的历史作用。

无论皮尔逊怎样禁止，概率论与数理统计从来都是不确定性因果分析的工具。概率概念本身就是不确定性中的广义因果律。掷一枚两面对称的硬币出现哪一面是不确定的，但是两面对称之因，却结出了等可能性之果，两面出现的概率各占二分之一。概率，就是事件在一定条件下的发生率。确定性是条件充分到结果只有不二的选择；随机性是条件不充分能有多种结果来选择。充分的结果使得结果一定发生；不充分的结果使结果按一定的概率来发生。概率是广义的因果律，但广义因果仍然可以是硬因果。硬币的对称性使得结果的发生率相等，这是绝对的真理，是凭逻辑推断就能肯定的事实，是先验知识，无须由实验来确定，但却经得起实践的检验，一定具有频率的稳定性。总之，概率论是不确定性因果分析的科学，作为概率论的实践，数理统计就是不确定性因果分析的重要工具。通过条件概率和条件分布，概率论与数理统计已经为广义因果分析打下重要基础。

珀尔抹杀了概率论与数理统计在因果性分析方面的核心地位，他提出的因果性革命就是要在现有概率论与数理统计框架之外另起炉灶，这就使人们对他是否能实现这种革命产生怀疑。他所写的书深入浅出，引人入胜，但是，他所提出的方法却十分离谱，缺乏数学的严谨性。尽管我们视为珍宝，但却难以跟进。

3.3.2　因果分析的核心思想

1. 因素是因果分析的要素

人的智力发展不是来自条件反射，动物都有条件反射，但却没有人的智力。人脑具有因果分析的能力，因素是因果分析的要素。

因素非因，乃因之素。"雨量充沛"是取得"好收成"的原因，但却不是因素，这里的因素是降雨量。它是一个变量，其变化可以使农作物丰收，也可以使之颗粒无收，显示了它对收成有重要影响，这才使人断定"雨量充沛"是取得"好收成"的原因。因果分析的核心思想不是从属性或状态层面孤立静止地去寻找原因，而是要先从更深层面上去寻找对结果最有影响的因素，只有找到了这组因素，才能找到最佳原因。从找原因到找因素是人脑认识的一种升华，也是因果性科学的思想核心。

现在的人工智能领域还普遍地被纠缠在属性状态层的论事习惯，在某些词义上混淆了因素层与属性层的区别，其中最需要强调的是"关联"与"相关"的区别。

2. 属性关联和因素相关

属性关联和因素相关是互反的两个概念。

定义 3.12　如果属性 a 和属性 b 在两个场景中同时出现，则称属性 a 和 b 之间有关联。

例如，某年月日，哈尔滨的气温降至 $-20℃$，下了大雪，"低温"与"大雪"这样两个事件同时同地发生，称之为关联（相对于一定时空），它们在哈尔滨于某年月日实现了搭配。

一对属性之间的关联可以用条件概率来表现，两个因素之间的相关性要用条件分布来表示。

定义 3.13　如果因素 f 和 g 的背景关系 R 不能充满它们相域的笛卡儿乘积空间：$R \neq I(f) \times I(g)$，则称因素 f 和 g 是相关的。

3. 因果归纳的一般原理

定义 3.14　$\psi = (D, f, g)$ 称为一个因果空间，如果 (D, f, g) 是一个因素空间，

而 f 和 g 分别被称为条件因素和结果因素。

　　简单来说,因素空间的因素若分成条件与结果两部分,就变成了因果空间。相应的因素表也就变成了因果表。一般来说,条件因素 f 是复杂因素。为了简单,假定这两个因素都具有相域 $X = I(f)$ 和 $Y = I(g)$,而 X、Y 是两个实数区间。对任意 $d \in D$,有 $(f(d), g(d)) = (x, y) \in X \times Y$。设 P 和 Q 分别是 X 和 Y 的两个子区间,谓词 $P(x)$ 表示语句“$f(d)$ 在 P 中”;$Q(y)$ 表示语句“$g(d)$ 在 Q 中”。要进行推理,必须对这两个区间向二维空间 $X \times Y$ 进行柱体扩张,得到两个长条 $P \times Y$ 和 $X \times Q$。推理句 $P(x) \rightarrow Q(y)$ 要成立,必须有 $P \times Y \subseteq X \times Q$。但从图 3.5 中可见,横条 $P \times Y$ 总要从竖条 $X \times Q$ 中伸出双翼,这就是那两块带阴影的区域。这就意味着 $P(x) \rightarrow Q(y)$ 不可能处处成立,$P(x) \rightarrow Q(y)$ 不可能成为一个恒真句。因果推理的描述似乎走进了一个死胡同。

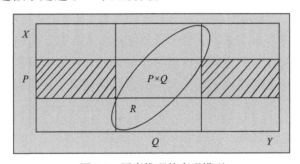

图 3.5　因素推理的直观模型

　　能使我们摆脱困境的是背景关系!背景关系 R 是因果分析的关键概念。在讨论两因素的因果关系时,背景集是实际存在的笛卡儿乘积相空间,R 之外全为虚无!由此,我们可以得到原理 3.1。

　　原理 3.1　背景关系决定一切推理。

　　$P(x) \rightarrow Q(y)$ 是恒真句当且仅当

$$(P \times Y) \bigcap R \subseteq (X \times Q) \bigcap R \qquad (3.6)$$

　　如图 3.5 所示,式(3.6)的作用就是使那两块阴影消失在虚无之中。背景关系在这里起了决定性的作用。当 R 固定以后,任给 P 和 Q,由式(3.6)便可以判定究竟 $P(x) \rightarrow Q(y)$ 是不是一个恒真句。在这个意义下,背景关系 R 决定了从 f 到 g 的一切推理。

　　原理 3.2　内涵的逻辑蕴含就是外延的被包含(或称钻入)。

　　$P(x) \rightarrow Q(y)$ 是 $P(x)$ 蕴含 $Q(y)$,式(3.6)的左右两端分别称为谓词 $P(x)$ 和 $Q(y)$ 的表现外延,原理 3.2 的意思是:$P(x)$ 蕴含 $Q(y)$ 当且仅当 Q 的表现外延

包含 P 的表现外延，或者说，$P(x)$ 蕴含 $Q(y)$ 当且仅当 P 的表现外延钻入 Q 的表现外延。

原理 3.3 不相关的因素之间不存在有意义的推理句。

这是因为不相关因素的背景集 R 等于整个笛卡儿乘积相空间。如图 3.5 所示，当没有虚空的时候，那两块阴影区无处躲藏，除了 $Q=Y$ 以外，$P(x) \to Q(y)$ 永远都不是恒真句。

命题 3.4 f 和 g 相关当且仅当它们的相之间不能自由关联。

气温与降雨量是相关的，那就意味着高温需与高降雨量搭配，高温与低降雨量搭配的可能性很低。能自由进行相关联的因素一定不相关，命题 3.4 就说明属性关联和因素相关是互反的两个概念。基于这个理由，我们建议"关联性"一词只用在属性或相的层面，不要用在因素层面；"相关性"一词只用在因素层面，不要用在属性或相的层面。

粗糙集是不讲背景关系的，他们盲目地追求完备性，要求规则提取的前件布满整个笛卡儿前件乘积空间，这就等于假设前件因素是必须相互独立的，只能在前件都相互独立的情况下讨论对后件的因果关系，这就大大减弱了它的理论效能。

4. 相关性决定因果性

因素既然是因果分析的要素，因素空间就是因果分析的主要平台。

式 (3.6) 说明，背景关系 R 起着至关重要的作用。如果 $R=X \times Y$，则因素 f 和 g 互不相关，此时，$P(x) \to Q(y)$ 是恒真句当且仅当 $Q=Y$。对于条件因素 f 的任何信息 P，结果因素 g 的信息都是 Y（大实话或零内涵）。这说明无关因素之间不存在因果联系，所以，相关性决定因果性。

5. 因果性必须从概率统计的相关性理论中去发掘

用概率论方法可以在条件因素和结果因素的联合分布中求得广义的因果关系，而狭义因果（即真因果）必藏在广义因果之中，从广义因果中甄别出谁是真因果是十分简单的事情。

基于这些考虑，我们提出实现珀尔因果革命的浅见，称为因果三角化解法。

3.3.3　因果三角化解

定义 3.15 如果 $f_{(1)}$、$f_{(2)}$ 是两个条件因素而 g 是一个结果因素，称 $[f_{(1)}, f_{(2)}; g]$ 为一个因果三角（汪培庄等，2021）。

　　在每个时刻，都暂时锁定目标，只是多对一地考虑因果。而多个条件总可以先简化为二。所以，因果三角就是两因一果的思考模式怎样分析和化解？

　　化解原理 1　理想因果三角：$f_{(1)}$ 与 $f_{(2)}$ 不相关。

　　先要单独考虑各个条件因素对结果因素的影响，设 x_1、x_2 和 y 分别表示 $f_{(1)}$、$f_{(2)}$ 和 g 的变量，则 f_i 对 g 的影响可由条件数学期望来表示：

$$y = h_i(x_i) = E(y|x_i), \quad i = 1, 2$$

式中，h_1、h_2 分别称为 $f_{(1)}$、$f_{(2)}$ 对 g 的影响曲线。由于 $f_{(1)}$ 与 $f_{(2)}$ 不相关，则两个条件因素对 g 的影响就是两个影响曲面的加权求和：

$$y = h(x_1, x_2) = \lambda_1 h_1(x_1) + \lambda_2 h_2(x_2)$$

权重 λ_1、λ_2 由两因素对 g 的决定度而定。

　　化解原理 2　非理想因果三角：$f_{(1)}$ 与 $f_{(2)}$ 相关。

　　当 $f_{(1)}$ 与 $f_{(2)}$ 不独立时，考虑 $f_1' = f_{(1)} - f_{(1)} \wedge f_{(2)}$ 和 $f_2' = f_{(2)} - f_{(1)} \wedge f_{(2)}$，易证 f_1' 与 f_2' 不相关，于是非理想三角就化成理想三角。$f_1' = f_{(1)} - f_{(1)} \wedge f_{(2)}$ 在实际中很难实现，但其思想是：要求得到 $f_{(1)}$ 对 g 的真正影响，必须消除 $f_{(2)}$ 的影响。可行的办法就是：固定 $f_{(2)}$ 的值，只让 $f_{(1)}$ 变化，这时 g 的变化就单纯归因于 $f_{(1)}$ 了。若存在二元函数 $y = g(x_1, x_2)$，而 x_1、x_2 和 y 分别是因素 $f_{(1)}$、$f_{(2)}$ 和 g 的相值。则 g 对 x_1 求偏导数，就是把 x_2 当成不变的常数而单独看 x_1 对 y 所引起的边际效应。

　　化解原理 3　从广义因果到狭义因果。通过联合分布求得双向推理句。再从其中判别谁是狭义因果。考察有无过程先后（先生成后）、格局次序（先大后小）、选举层次（先下后上）。

3.4　因素空间理论是信息与智能科学的数学基础

3.4.1　因素空间为智能数学各分支提供了统一的描述平台

　　因素空间继承了形式概念分析、粗糙集（RS）和其他智能数学分支的主要成果，从更高的视野，用统一的语言，可以把道理讲得更清楚，算法更简洁。下面仅就对象区分、概念的自动生成和因果归纳这三个基本问题进行一个简单介绍。

　　1. 对象区分的基本问题

　　定义 3.16　给定两个事物 d_i 和 d_j，如果因素 f 对它们都有意义，且 $f(d_i) = f(d_j)$，则称 d_i 和 d_j 在因素 f 下相同；如果 $f(d_i) \neq f(d_j)$，则称 d_i 和 d_j 在因素 f 下

不同，或称因素 f 可以区分 d_i 和 d_j。

命题 3.5　合取因素 $f \wedge g$ 能区分 d_i 和 d_j 的充分必要条件是 f 和 g 中至少有一个因素能区分 d_i 和 d_j。

给定一个有限对象集 $D = \{d_1, d_2, \cdots, d_m\}$ 及其上的因素空间 $(D, f_{(1)}, f_{(2)}, \cdots, f_{(n)})$，称矩阵 $B = (b_{ij})$ 为一个区分矩阵，如果对任意 i、j，b_{ij} 表示 $f_{(1)}, f_{(2)}, \cdots, f_{(n)}$ 中能够区分 d_i 和 d_j 的那些因素所成之集。对象区分的基本问题是：能否在多项式时间内根据区分矩阵构建出决策树，使每个对象都能单独成为决策树叶子节点？

解决此问题的思路是：若 b_{ij} 中不包括某一因素 f，则必有 $f(d_i) = f(d_j)$，说明 d_i 与 d_j 属于 f 所划分出的同一类，即 $d_i \sim d_j$。若把所有同类对象集合起来，就可以得到因素 f 的划分 $H(D, f)$。这样就把区分矩阵转化为各个因素的相域 $I(f_j)$，就很容易画出分类树了。

定义 3.17　设因素 f 对 D 的分类是 $H(D, f) = \{c_k = (d_{k1}, d_{k2}, \cdots, d_{kn(k)})\}$（$k = 1, 2, \cdots, K$），这里，$n(k)$ 是第 k 类中所包含的对象个数，K 是类别的总数。记

$$e = 1 - [n(1)(n(1)-1) + \cdots + n(K)(n(K)-1)] / [m(m-1)] \tag{3.7}$$

为因素 f 对 D 的分辨度，式中，m 是 D 中的对象总数。

为了实现这一目标，需要通过计算每个因素的分辨度来选择合适的因素。因此，定义如下分辨度算法。

算法 3.2　分辨度算法

Alg[分辨度]$(f) \to e_f$

输入：因素 f 对 D 的划分 $H(D, f)$。

输出：按式 (3.7) 所得的 e。

步骤 1　获取对象数量 m。

步骤 2　计算划分情况，返回每种划分情况出现的次数 $n(i)$。

为了在多项式时间内根据区分矩阵构建决策树，我们引入了对象遍历区分算法，该算法的步骤如下。

算法 3.3　对象遍历区分算法

Alg[分辨度]$(B) \to \mathrm{Tr}$

输入：区分矩阵 B；$H_1 :=$ 空；$\cdots$；$H_n :=$ 空。

输出：决策树 Tr。

步骤 1　调用算法 Alg[分辨度]$(f) \to e_f$；按分辨度从大到小对因素排序。

步骤 2　用这些因素依次将 D 分细，直到只包含单个对象的叶子节点。

如果 B 中存在使 b_{ij} 成为空集的格子，这意味着 $f_{(1)}, f_{(2)}, \cdots, f_{(n)}$ 中没有任何一个因素可以把 d_i 和 d_j 这两个对象区分开，根据因素运算的定义，可以证明这两个对象不能通过因素的合取而被分开成为只包含单个对象的叶子节点。

基本问题曾由粗糙集提出，由它引出了属性约简的问题。但由于粗糙集用到了因素运算却没有给出因素运算的定义，出现理论的疏漏，在 b_{ij} 是空集的情况下硬要细分，出现错误，并使算法陷入 NP 困难。

2. 概念的自动生成

信息系统计算机早就能自动推理，但一直不能自动生成概念，推理只能局限于既有概念系统内，不能推出新概念。没有新概念就没有真正的智能。Wille (1982) 在形式概念分析中首次给概念下了严格的定义。

定义 3.18 任给一组对象 $E \subseteq D$，$A(E)$ 表示 E 中所有对象的共有属性集，任给一组属性 A，$E(A)$ 表示 A 中所有属性的共享对象 $d(\in D)$ 所成之集，$\alpha = (A, E)$ 称为定义在 D 上的一个概念，如果

$$A(E) = A \text{ 且 } E(A) = E \text{（伽罗瓦对应性）} \tag{3.8}$$

记 $A = \underline{\alpha}$ 和 $E = [\alpha]$，分别称为概念 α 的内涵和外延。

原定义本是 $\alpha = (E, A)$，本书按内涵在前外延在后的习惯颠倒使用。

显然有：$\underline{\alpha} = \varnothing$（内涵为空描述）当且仅当 $[\alpha] = D$。

定义 3.19 给定 D 上一组概念所成之集 $L = \{\alpha_i = (\underline{\alpha_i}, [\alpha_i])\}$ $(i = 1, 2, \cdots, m)$。称 $L = (L, \wedge)$ 为 D 上的一个概念内涵半格，如果 $\wedge$ 是概念内涵的合取运算且 L 对 $\wedge$ 封闭；称 $L = (L, \cap)$ 为 D 上的一个概念外延半格，如果 $\cap$ 是概念外延的交运算且 L 对 $\wedge$ 封闭。

不难证明，概念内涵半格与概念外延半格逆向同构。

Wille 原来定义的是概念格。这是很麻烦的，因为内涵的析取不一定还是内涵，外延的析取并不一定还是外延，为了解决格的封闭性，需要强加烦琐的条件，但是在概念自动生成中，这些附加条件会带来不必要的困难，所以，我们只谈概念半格。

给定一个有限对象集 $D = \{d_1, d_2, \cdots, d_m\}$ 及其上的因素空间 $(D, f_{(1)}, f_{(2)}, \cdots, f_{(n)})$，称 $F = (f_j(d_i))$ 为一个因素表（即粗糙集中的信息系统表），如果它是以对象为行以因素为列的矩阵，即对任意 $1 \leqslant i \leqslant m$，都有它的组相 $(f_{(1)}(d_i), f_{(2)}(d_i), \cdots, f_{(n)}(d_i))$ 展现在表的第 i 行。一个基本问题是：能否根据因素表构建出一个概念半格？

只要有了背景关系 R，不用计算，便可直接由 R 写出全部原子概念，再由原子概念可以组合成所有概念。概念的自动生成，不是怕生出来的概念太少而是怕生得太多。我们只需生成一类特殊概念。

定义 3.20　内涵可以用合取范式来表述的概念称为基本概念。

合取范式是数理逻辑中的一个术语，它是指一个逻辑表达式可以写成先析取而后合取的形式：$a=(a_{11}\vee\cdots\vee a_{1n(1)})\wedge\cdots\wedge(a_{m1}\vee\cdots\vee a_{mn(m)})$。在信息空间 I 中，它的几何形象就是超矩形，但每一边不一定连通。每个原子概念都是基本概念。

在构造基本概念半格生成算法之前，先给出一个外延分割规则子算法。

算法 3.4　外延分割规则子算法

Sub[外延分割]$([\alpha],f)\rightarrow\{\alpha_1,\alpha_2,\cdots,\alpha_K\}$

输入：某个概念 α 的外延 D 及因素 f。

输出：知增表达式 (3.4)。

步骤　写出 $H(D,f)=\{c_k\}$ $(k=1,2,\cdots,K)$；对每一个 k，c_k 就决定了一个子概念 α_k，直接写为知增表达式 $\alpha\rightarrow\{\alpha_1,\alpha_2,\cdots,\alpha_K\}$。

算法 3.5　基本概念半格生成算法

Alg[基本概念半格]$(\phi)\rightarrow L$

输入：因素表 ϕ。

输出：基本概念半格的因素谱系 L。

步骤 1　合并表中的相同行以使表中没有相同的行，将参加合并的行数记在表的右边，未合并行的右边记为 1。

步骤 2　Alg[分辨度]$(f_j)\rightarrow e_j$　（列数 $j=1,2,\cdots,m$）

按 e_f 从大到小重排表的列码，新的行号是 (1)，(2)，…。

步骤 3　Sub[外延分割]$(D,f_{(i)})$

输出规则：$\alpha\rightarrow\{\alpha_{(1)1},\alpha_{(1)2},\cdots\}$；

若每一子概念的外延都只包含单个对象，则转向步骤 4；否则，$D:=$ 第一个具有非单对象的概念外延；$i:=i+1$；返回步骤 3。

步骤 4　输出基本概念半格的因素谱系 L。

基本概念半格生成算法比 Wille 的算法简单，所得的概念系统解节点数最少，更便于人的理解。

3. 因果归纳的基本问题

因果分析包含两个重要环节：归纳与推理。推理的源头是公理，公理的确立要靠归纳。智能化的难点在于归纳。

因果分析有多种目的，以结果因素 g 的名称为标志：如果 g 是类别因素，则因果分析的目的就是进行分类，因果归纳为它提供分类的学习算法；如果 g 是预测因素，则因果分析的目的就是进行预测，因果归纳为它提供预测算法；如果 g 是评价因素，则因果分析的目的就是进行评价，因果归纳为它提供评价算法；如果 g 是决策因素，则因果分析的目的就是进行决策，因果归纳为它提供决策算法；如果 g 是控制因素，则因果分析的目的就是进行控制，因果归纳为它提供控制算法。

因素空间 $\psi=(D,f,g)$ 称为一个因果空间，如果 f 和 g 分别表示条件因素和结果因素。因果空间中的一组样本点形成的表称为因果分析表。

把一张因果分析表视为因果分析的训练样本点集，所要归纳的因果推理句是"若 $f=a$ 则 $g=b$"（简记为 $a\to b$），这里，条件因素是 $f=\{f_{(1)},f_{(2)},\cdots,f_{(k)}\}(k\geqslant 1)$，当 $k\geqslant 1$ 时，它是一个复杂因素 $f=f_{(1)}\wedge\cdots\wedge f_{(k)}$；而 $a=(a_1,\cdots,a_k)\in I(f_{(1)})\times\cdots\times I(f_{(k)})$ 是诸因素的组相。

命题 3.6　推理句 $a\to b$ 成立当且仅当组相 a 所在的行都对应着同一个结果 b，即

$$a\to b \Leftrightarrow [a]\subseteq[b] \tag{3.9}$$

式中，$[a]=\{d\in D|f(d)=a\}$，$[b]=\{d\in D|g(d)=b\}$。表达式 (3.9) 称为钻入推理式。

定义 3.21　称能钻入结果类的 $[a]=\{d\in D|f(d)=a\}$ 为因素 f 的一个决定类，将这个类转换为推理句 $a\to b$ 称为一次因果提枝。每提出一枝，就把决定类从 D 中删除，如此重复下去，直到将 D 全部删空为止，从枝到叶形成一棵树 T，称为因果归纳树。

因果归纳的基本问题是，怎样从一张因果分析表画出一棵因果归纳树？

为了构造因果归纳树算法，先给出一个定义和一种钻入决定度子算法。

定义 3.22　记简单因素 f_j 的所有决定类所包含的对象个数为 t，设 D 的个数为 m，记

$$Z_j = t/m \tag{3.10}$$

称为 f_j 对 g 的钻入决定度。

算法 3.6　钻入决定度子算法

Sub[钻入决定度]$(f_j,g)\to Z_j$

输入：因果表 ψ 中 f_j 和 g 两列。

输出：按式 (3.10) 所得的 Z_j。

决定度 Z 表示条件因素对结果的影响程度。决定度有多种，不一定要用钻入决定度；因果影响有多种测度，不一定要用决定度。

算法 3.7　因果归纳树算法

Alg[因果归纳树]$(\psi)\to$Tr

输入：因果表 ψ；推理句集合 T:=空集；D:=表 ψ 中的对象所成之集。

输出：决策树 Tr。

步骤 1　对表的每个列 j，Sub[钻入决定度]$(f_j, g)\to Z_j$。

步骤 2　按 Z_j 从大到小更换列号，新的列号记为 (1)，(2)，…。

步骤 3　寻找最左列的决定类，将每个钻入类写成推理句，放入 T 中；从表中删除所有决定类对象所在的行，即 D:=$D\backslash\{$决定类中的对象$\}$；若 D 为空则转步骤 4，否则转步骤 1。

步骤 4　将 T 中的推理句首尾相连，画出决策树 Tr。

3.4.2　机器学习扫类显隐粗算

因素空间在特征提取方面提出了新的快捷思路。人工智能的一切困难都来自关键因素被隐藏起来，要把关键因素寻找出来，称为因素显隐。这在人工智能中称为特征提取，早期它一直要靠人工，深度学习算法让机器自动提取特征，这是了不起的突破，但它缺乏可理解性，因素空间的显隐理论就是要做可理解的特征提取。

设 n 维样本点集 $S=\{x_i=(x_{i1}, x_{i2},\cdots, x_{in})\}$ 和标签集 $Y=\{+,-\}$，称 $S\times Y=\{x_i=(x_{i1}, x_{i2},\cdots, x_{in};Y_i)\}$ 为一个二分类训练数据集。对于线性可分的二分类训练数据集来说，机器学习的显隐向量就是能将两类样本点区分开来的投影向量。

定义 3.23　将二分类训练样本点集记为 $S=S^-+S^+$，其中 $S^-=\{x_i^-|i=1, 2,\cdots, I; I>0\}$ 和 $S^+=\{x_j^+|j=1,2,\cdots, J; J>0\}$，两类中心分别是 $o^-=(x_1^-+\cdots+x_I^-)/I$，$o^+=(x_1^++\cdots+x_J^+)/J$，称 w 是一个显隐方向，如果存在一个实数 d 使对任意 $x_i^-\in S^-$ 和 $x_j^+\in S^+$，都有 $(x_i^-, w)<d<(x_j^+, w)$。

定义 3.24　记 $o^-=(x_1^-+\cdots+x_I^-)/I$，$o^+=(x_1^++\cdots+x_J^+)/J$，称 $w=o^+-o^-$ 为扫类方向。

人在分类的时候，眼光从一类中心扫向另一类中心，其整体性视觉所注意到的就是扫类方向。

对于正类样本点来说，若 $(x_i^+, w) < (x_j^+, w)$ ，则称 x_i^+ 比 x_j^+ 靠前， x_j^+ 比 x_i^+ 靠后；对于负类样本点来说，若 $(x_i^-, w) > (x_j^-, w)$ ，则称 x_i^- 比 x_j^- 靠前， x_j^- 比 x_i^- 靠后。记

$$l = \max\left\{(x_i^-, w)\Big| x_i^- \in S^-\right\}$$
$$u = \min\left\{(x_j^+, w)\Big| x_j^+ \in S^+\right\} \tag{3.11}$$

分别称为负类上界和正类下界。

若 $l < u$ ，则两类可以借扫类方向 w 分开。此时，记 $r = (u-l)/2$ ，称为两类的投影间隔， $e = l+r$ 称为投影分界点；若 $l \geqslant u$ ，则两类无法借 w 分开，此时，称 $[u, l]$ 为投影混域。

混域点就是类别有争议的点，要消除混域，必须加重有争议点的权重，删去那些明确而无争议的点。下面提出一种算法，通过减小训练样本点的个数 I 和 J ，原则是删除无争议的点。

算法 3.8 机器学习扫类显隐粗算

Alg[扫类显隐] $(S) \to w$

输入：可分的二分类训练样本点集 $S = S^- + S^+$ 。

输出：显隐向量 w 。

步骤 1 $\underline{S}^- := S^-$; $\underline{S}^+ := S^+$ （ $\underline{S} = \underline{S}^- + \underline{S}^+$ 是缩小的样本点集）。

步骤 2 $w := o^+ - o^-$ （ o^- 和 o^+ 分别是 $\underline{S}^-$ 和 $\underline{S}^+$ 的中心）。

步骤 3 按式(3.11)计算负类上界 l 和正类下界 u 。若 $l < u$ ，则停机，转向步骤 4；否则，从 $\underline{S}^-$ 和 $\underline{S}^+$ 中分别删去对 w 投影值最小和最大的一个点，返回步骤 2。

步骤 4 输出显隐投影向量 w 。

例如， $S = S^- + S^+$:

$$S^- = \{x_1^- = (-3,-3), (x_2^- = (-1,-1), x_3^- = (1,1), x_4^- = (3,3)\}$$
$$S^+ = \{x_1^+ = (1,-3), (x_2^+ = (3,-1), x_3^+ = (5,1), x_4^+ = (7,3)\}$$

它们的中心分别是 $o^- = (0,0)$ 和 $o^+ = (4,0)$ ，得到扫类向量 $w = (4,0)$ ；按式(3.11)得到

$$l = \max\{(x_i^-, w) | x_i^- \in S^-\} = \max\{(x_1^-, w), (x_2^-, w), (x_3^-, w), (x_4^-, w)\} = 12$$
$$u = \min\{(x_j^+, w) | x_j^+ \in S^+\} = \min\{(x_1^+, w), (x_2^+, w), (x_3^+, w), (x_4^+, w)\} = 4$$

因 $l > u$ ，就要从 $\underline{S}^-$ 中删掉对 w 投影最小的点 $x_1^- = (-3,-3)$ ；从 $\underline{S}^+$ 中删掉对 w 投影最大的点 $x_4^+ = (7,3)$ 。便有

$$S^- = \{ (x_2^- = (-1,-1), \ x_3^- = (1,1), \ x_4^- = (3,3) \}$$

$$S^+ = \{ x_1^+ = (1,-3), \ (x_2^+ = (3,-1), \ x_3^+ = (5,1) \}$$

从而有

$$o^- = (1,1), o^+ = (3,-1), w = (2,-2)$$

$$l = \max\{ (x_i^-, w) \mid x_i^- \in S^- \} = \max\{ (x_1^-, w), (x_2^-, w), (x_3^-, w), (x_4^-, w) \} = 0$$

$$u = \min\{ (x_j^+, w) \mid x_j^+ \in S^+ \} = \max\{ (x_1^+, w), (x_2^+, w), (x_3^+, w), (x_4^+, w) \} = 8$$

因 $l < u$，便知 $w = (2, -2)$ 是显隐向量。

由于没有严格证明本算法是否一定合理，故名为粗算。

要注意，在计算负类上界 l 和正类下界 u 的时候，式(3.11)中的论域是 S 而不是 $\underline{S}$。

与扫类向量相关的显隐算法是曾繁慧等(2024)所提出的连环扫类算法和多类别扫类算法。

3.4.3　支持向量机的试探算法

因素空间的另一个重要突破口是用快速算法近似地求得支持向量机，实现智能数据的信息压缩。

支持向量机在机器学习中一直占有龙头地位，石勇教授出版的两本有关支持向量机的专著(Shi et al.，2011；Shi，2022)，更是把它从机器学习扩大到整个知识表示领域。可惜的是，大多数支持向量机解法都是把问题化为一个二次规划或线性规划，至于二次规划或线性规划能否在容许的时间内快速获解，就不去理会，这种模式我们称为程序包装模式，它实际上束缚了支持向量机的应用。近来，石勇教授强调支持向量机中的支持向量可以用于对数据进行大幅度的无信息损失的压缩，用小数据来解决大数据中的机器学习问题，是算法革命中的一项重要诉求。在这一思想的启示下，汪培庄、曾繁慧及其学生给出了支持向量机的近似求法。

设 w^* 是分类的最优投影方向，记

$$l^* = \max_i\{(x_i^-, w^*)\}, \ u^* = \min_i\{(x_i^+, w^*)\}, r^* = (u^*-l^*)/2, o^* = (u^*+l^*)/2 \tag{3.12}$$

超平面 $(x, w^*) = o^*$ 称为分界墙，两平行面 $(x, w^*) = o^* \pm r^*$ 称为支持墙，r^* 称为最大间隔。两支持墙及二者所夹的区域称为隔离带，带宽为 $2r^*$。称

$$f(x) = \mathrm{sgn}[(x, w^*) - o^*] \tag{3.13}$$

为判决函数。输入测试点 x，判它为正类当且仅当 $f(x)>0$。

定义 3.25 给定一个可分的二分类训练数据集 S，称 x_i^* 为 S 中的一个星点，如果它是 S 中的一个支持向量，亦即该点所对应的拉格朗日参数 $\alpha_i = 0$。星点一定在支持墙上。设 S^* 是由部分星点所组成的集合，如果由它能确定 S 的隔离带和判决函数 $f(x)$，那么它称为 S 的一个支撑集。

显然，支持集至少得包含 2 个星点。存在 2 个星点的支持集，请看下例：

例 3.3   给定由两点所组成的支持集 $S^* = S^{-*}+S^{+*}$。其中 $S^{-*} = \{ x_1^* = (2, 0, 0, \cdots, 0)\}$；$S^{+*} = \{ x_2^* = (1, 2, 0, \cdots, 0)\}$。在子空间 $R^2 = \{(x_1, x_2)|x_1, x_2 \in R\}$ 中，从 x_1^* 到 x_2^* 所连线段的中点坐标是 $(1.5, 1)$，易知中垂线方程是

$$-2x_1+4x_2 = 1$$

这就是图 3.6 中所画的分界墙 L^*，过 x_1^* 和 x_2^* 两点分别作 L^* 的平行线 L^- 和 L^+，就是支持墙。只要训练数据集 S 中的所有点都不进入隔离带，即都落在隔离带以外的灰色区域，那么 S^* 就是 S 的一个 2 点支持集。

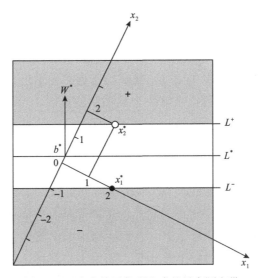

图 3.6 两点支持星集所生成的最大隔离带

在图 3.6 中所画的只是 R^n 的二维截面，分界墙 L^* 被画成一条线。实际上，这是一个由该线向余空间 R^{n-2} 作柱体扩张而得的一个 $n-1$ 维超平面。这个底线所在的 2 维空间称为截空间。

这个例子启发我们：可以得到支持集的一种快捷的试探算法。从少量的点开始，由它们试作隔离带，如果没有训练数据点落入隔离带，那它们就构成支

持集了。如其不然，再增加截空间的维数，逐步地试探下去，这样形成的算法是一种逐步试探算法。

定义 3.26　S^* 称为既约支持集，如果它不以任何支持集 $S^{*\prime}$ 作为它的真子集：$S^{*\prime} \subset S^*$。

给定 k 维截空间（$2 \leqslant k \leqslant n$），其中的每个支持墙都是 $k-1$ 维超平面，需要且只需要 k 个满秩星点就可以确定。因两支持墙平行，另一个面只需要再加一个星点就可以确定，所以，既约支持集最多只包含 $k+1$ 个星点，其中，k 个星点属于同类，1 个星点是另类。

例 3.3 是在 2 维截空间构建隔离带的，其中我们只用了 2 个而不是 3 个星点，可见，既约支持集所包含的星点可以少于 $k+1$ 个。在例 3.3 中，当我们把隔离带画出来以后，会发现 x_1^* 与 x_2^* 所连直线与支持墙是垂直的，于是，分界面就是 $x_1^* x_2^*$ 所连线段的中垂面，只用 2 个星点就可以确定隔离带。一般而言，在 $k+1$ 个支持星点中，从另类点向 k 个同类点所在支持墙投影，如果垂足与某个星点重合，则此支持集的点数可以降为 2，这 2 个星点就是异类星点加垂足点；若垂足在某两个星点所连的线段上，则支持集的点数可降为 3，这 3 个星点就是异类星点加线段的两个端点；若垂足在某 $s(<k)$ 个星点所张成的凸闭包之内，则支持集的点数可降为 $s+1$，这 $s+1$ 个星点就是异类星点加凸闭包的 s 个顶点。如果一个既约星集的个数少于 $k+1$，我们称所遇见的情况是稀奇的。

我们的目的是要用小数据来解决大数据中的机器学习问题。现在，就让我们从 $k=2$ 开始，每次先从负方选出最靠近前沿的 k 个点构成集 A，由 A 确定一个面 α。如果正方所有训练点都在面 α 的正侧（不粘在面 α 上），则称 α 是负边界面；再从正方选出最靠近前沿的 k 个点构成集 B，由 B 确定一个面 β，如果负方所有训练点都在面 β 的负侧（不粘在面 β 上），则称 β 是正边界面。我们要计算从 α 平移到最近的一个正类星点的距离和从 β 平移到最近的一个负类星点的距离，取距离大的那 k 个星点，它们所确定的面就是我们所要找的一个支持墙，进而可以建立隔离带。不难想见，如果不出现稀奇的情况，则这样找到的隔离带必定最宽，所寻的投影方向必然最优；如果出现稀奇情况，则支持集所包含的星点减少，隔离带只能更宽，投影方向更优。但是稀奇情况只能把问题带回到更低维的截空间中去，由于 k 是从小到大来进行试探的，它应该早就获得了。

我们面临的主要问题是：在 n 维空间中，只有 n 个满秩点才能确定一个 $n-1$ 维超平面，当 $k<n$ 时，由 k 个点怎样确定正负边界面呢？线性无关的 k 个负（正）

类点张成一个 k 维截空间，其余空间必是 R^n 中的一个 $n-k$ 维子空间。我们先考虑一种简单情况：余空间的基底就是由 R^n 中的 $n-k$ 个坐标向量 $e_{(1)},\cdots,e_{(n-k)}$ 组成，这样的余空间称为简余空间，具有正余空间的点集 B 称为正边点集，由正边点集所确定的测试面称为正测试面。负类点集 A 称为简集，它的特点是 A 中各点的余基项都是 0。根据这一特点，先将各点的余基项挖空，将它们都变成 k 维向量，在 k 维截空间中就可以张成一个面，再将该面法向量中的余基项补零而变成一个 n 维法向量，这样就得到我们所要找的面 α。正类点集 B 也用同样方法确定面 β。为此先给出一个 Sub[简面]$(A) \to a$ 子算法。

算法 3.9　Sub[简面]$(A) \to a$ 子算法

输入：R^n 中的一个点列 $A=(x_1,\cdots,x_k)$；对 $i=1,2,\cdots,k$，$x_i=(x_{i1},\cdots,x_{in})$ 在某 $n-k$ 个基向量 $e_{(1)},\cdots,e_{(n-k)}$ 的坐标均为 0；$r(B)=k$；$k<n$。

输出：面 α 的法向量 a。

步骤 1　将 A 中点的余基项挖空，都变成 k 维变量，将它们分别代入方程 $a_1x_1+a_2x_2+\cdots+a_kx_k=1$，在截空间中解得法向量 $\underline{a}=(a_1,\cdots,a_k)$。

步骤 2　将 $\underline{a}$ 中的余基项补零，变成 n 维向量 $a=(a_1,\cdots,0,\cdots,a_k,\cdots,0,\cdots)$，它就是面 α 的法向量，作为输出结果。

Sub[简面]$(B) \to b$ 的算法类似给出。

例3.4　设 $n=4,k=2$，给定 $A:=\{x_1=(1,3,0,0),x_2=(1,2,0,0)\}$。求 Sub[简面]$(A)$ 的法向量 a。

解　步骤 1　因 x_1 和 x_2 在 e_3 和 e_4 两基底方向的坐标都是 0，故 e_3 和 e_4 是两个余基向量。把 x_1 和 x_2 在 e_3 和 e_4 挖空，都变成 2 维变量：$\underline{x}_1=(1,3)$，$\underline{x}_2=(1,2)$；将它们分别代入方程 $a_1x_1+a_2x_2=1$，得到方程组：

$$\begin{cases} a_1+3a_2=1 \\ a_1+2a_2=1 \end{cases}$$

在截空间中解得法向量 $\underline{a}=(0,1/3)$。

步骤 2　将 0 补入 $\underline{a}$ 余基项，解得 Sub[简面](B) 的法向量 $a=(0,1/3,0,0)$。

简面算法对于稀疏数据而言是有意义的，但毕竟有很大的局限性。我们把它介绍出来是为了使读者更快地进入状态。下面，我们只通过一个简单例子来介绍测试面子程序 Sub[面]$(A) \to a$。

例3.5　设 $n=4,k=2$，给定 $A:=\{x_1=(2,0,1,0),x_2=(2,0,0,1)\}$，求 Sub[面]$(A)$ 的法向量 a。

解　由于 x_1 和 x_2 只在 e_2 的基位上取 0，余基只有一个，这不符合简面必须有 $n-k$ 个余基向量的要求，所以 A 不是简集。

步骤 1　因 $n=4$，必有 4 个基底向量，考虑向量序列 $x_1, x_2, e_1, e_2, e_3, e_4$，利用熟知的基底正交化公式计算如下：

$$x_1' = x_1 = (2,0,1,0)$$
$$x_2' = x_2 - [(x_2, x_1')/(x_1', x_1')]x_1' = (2,0,0,1) - 0.8(2,0,1,0) = (0.4,0,-0.8,1)$$
$$e_1' = e_1 - [(e_1, x_1')/(x_1', x_1')]x_1' - [(e_1, x_2')/(x_2', x_2')]x_2'$$
$$\quad = (1,0,0,0) - 0.4(2,0,1,0) - (2/9)(0.4,0,-0.8,1) = (1/9,0,-2/9,-2/9)$$
$$e_2' = e_2 - [(e_2, x_1')/(x_1', x_1')]x_1' - [(e_2, x_2')/(x_2', x_2')]x_2' - [(e_2, e_1')/(e_1', e_1')]e_1'$$
$$\quad = (0,1,0,0) - 0(2,0,1,0) - 0(0.4,0,-0.8,1) - 0(1/9,0,-2/9,-2/9) = (0,1,0,0)$$
$$e_3' = e_3 - [(e_3, x_1')/(x_1', x_1')]x_1' - [(e_3, x_2')/(x_2', x_2')]x_2' - [(e_3, e_1')/(e_1', e_1')]e_1'$$
$$\quad\quad - [(e_3, e_2')/(e_2', e_2')]e_2'$$
$$\quad = (0,0,1,0) - 0.2(2,0,1,0) + (4/9)(0.4,0,-0.8,1) + 2(1/9,0,-2/9,-2/9)$$
$$\quad\quad - 0(0,1,0,0) = (0,0,0,0)$$
$$e_4' = e_4 - [(e_4, x_1')/(x_1', x_1')]x_1' - [(e_4, x_2')/(x_2', x_2')]x_2' - [(e_4, e_1')/(e_1', e_1')]e_1'$$
$$\quad\quad - [(e_4, e_2')/(e_2', e_2')]e_2' - [(e_4, e_3')/(e_3', e_3')]e_3'$$
$$\quad = (0,0,0,1) - 0(2,0,1,0) - (5/9)(0.4,0,-0.8,1) + 2(1/9,0,-2/9,-2/9)$$
$$\quad\quad - 0(0,1,0,0) = (0,0,0,0)$$

由于在正交化以后，e_3' 和 e_4' 都变成零向量，真正的基底向量是 x_1'、x_2'、e_1'、e_2' 这四个向量。x_1' 和 x_2' 取代了 e_3' 和 e_4' 的位置。

步骤 2　重新定义 $e_3' := x_1'$，$e_4' := x_2'$，有

$$e_1' = (1/9,0,-2/9,-2/9) = (1/9)e_1 + 0e_2 - (2/9)e_3 - (2/9)e_4$$
$$e_2' = (0,1,0,0) = 0e_1 + 1e_2 + 0e_3 + 0e_4$$
$$e_3' = (0,0,0,0) = 0e_1 + 0e_2 + 0e_3 + 0e_4$$
$$e_4' = (0,0,0,0) = 0e_1 + 0e_2 + 0e_3 + 0e_4$$

这是 R^4 中的一个坐标变换。变换矩阵中的元素是

1/9	0	-2/9	-2/9
0	1	0	0
0	0	0	0
0	0	0	0

在新坐标系下，点集 A 变成了 $A^* = \{x_1^* = (0,0,1,0),\ x_2^* = (0,0,0,1)\}$，它是一个简集，具有余基向量 e_1' 和 e_2'。

步骤 3　将 A^* 中点的余基项挖空,都变成 k 维变量: $x_1^* = (1, 0)$, $x_2^* = (0, 1)$,将它们分别代入方程 $a_1^* x_1 + a_2^* = 1$,得到方程组:

$$\begin{cases} a_1 + 0a_2 = 1 \\ 0a_1 + a_2 = 1 \end{cases}$$

在截空间中解得面 α 的法向量 $\underline{a}^* = (1, 1)$;将 0 补入 $\underline{a}^*$ 的余基项,解得 $a^* = (0, 0, 1, 1)$。

步骤 4　a^* 是面 α 在新坐标系下的法向量,需要将它变回到原始坐标系中来。对 A 求逆矩阵,得到

$$\begin{matrix} 1 & 0 & 2/9 & 2/9 \\ 0 & 1 & 0 & 0 \\ -2 & 0 & 5/9 & -4/9 \\ -2 & 0 & -4/9 & 5/9 \end{matrix}$$

可以得到面 α 在原坐标系下的法向量 $a = a^* A^{-1} = (-4, 0, 1/9, 1/9)$。

输出 Sub[面](A) 的法向量 $a = (-4, 0, 1/9, 1/9)$。

算法 3.10　因素支持向量学习算法

Alg[FSVM]$(S) \to w^*$

输入:空间 R^n 中可分的二分类训练样本点集 $S = S^- + S^+$。

输出:分类的最优投影向量 w^*。

步骤 1　$k := 2$,写出从 S^- 到 S^+ 的扫类向量 $w = x^+ - x^-$,这里,x^+ 和 x^- 分别是 S^+ 和 S^- 的中心。

步骤 2　将 S^- 中的点按 (x_j^-, w) 从小到大排序,取出后 k 个点放入 A_k^-:

$$A_k^- := \{x_1^-, \cdots, x_k^-\}$$

Sub[面]$(A_k^-) \to a^-$。

将 S^+ 中的点按 (x_j^+, w) 从大到小排序,取出后 k 个点放入 A_k^+:

$$A_k^+ := \{x_1^+, \cdots, x_k^+\}$$

Sub[面]$(A_k^+) \to a^+$。

步骤 3　对 $x_j^+ \in S^+$ 计算 (x_j^+, a^-);对 $x_j^- \in S^-$ 计算 (x_j^-, a^+)。

(1)若出现一个 x_j^+ 使 $(x_j^+, a^-) < 1$,且若出现一个 x_j^- 使 $(x_j^-, a^+) > 1$,则令 $k := k+1$,转回步骤 2。

(2)若出现一个 x_j^+ 使 $(x_j^+, a^-) < 1$,且未出现一个 x_j^- 使 $(x_j^-, a^+) > 1$,则计算 $r^- = \min\{(x_j^+, a^-) | x_j^+ \in B\}$;$r^+ = \min\{(x_j^-, a^+) | x_j^- \in A\}$。若 $r^- \geqslant r^+$,则选取 $w^* = a^-$,若 $r^- < r^+$,则选取 $w^* = a^+$。

(3)若未出现一个 x_j^+ 使 $(x_j^+, a^-) < 1$,但出现一个 x_j^- 使 $(x_j^-, a^+) > 1$,则选取 $w^* = a^-$。

(4)若出现一个 x_j^+ 使 $(x_j^+, a^-)<1$，但不出现一个 x_j^- 使 $(x_j^-, a^+)>1$，则选取 $w^*=a^+$。

步骤 4　停机，输出最优投影方向 w^*。

例 3.6　给定训练样本点集 $S=S^-+S^+$：

$S^-=\{(0,1,0,1), (0,0,2,0), (0,2,1,1), (0,0,2,2), (0,2,1,3), (0,0,3,2), (1,2,0,0), (1,3,0,0)\}$

$S^+=\{(2,1,0,0), (2,0,1,0), (2,3,0,0), (2,1,1,0), (3,0,0,1), (3,0,0,0) (2,0,0,1), (2,0,0,0)\}$

求最优投影方向 w^*。

步骤 1　$k:=2$；

从 S^- 到 S^+ 取扫类方向：

$w=(2.25, 0.625, 0.25, 0.25)-(0.25, 1.25, 1.125, 1.125)=(2, 0.625, -0.875, -0.875)$

步骤 2　将 S^- 中的点按 (x_j^-, w) 从小到大排序，选出最后的 2 个训练样本点，得到集：

$$A_2^-=\{x_1^-=(1, 3, 0, 0), x_2^-=(1, 2, 0, 0)\}$$

Sub[面](A_2^-) 的法向量是 $a^-=(0, 1/3, 0, 0)$；将 S^+ 中的点按 (x_j^+, w) 从大到小排序，取出后 2 个点放入 A_2^+：

$$A_2^+=\{x_1^-=(2, 0, 1, 0), x_2^-=(2, 0, 0, 1)\}$$

Sub[面](A_2^-) 的法向量是 $a^-=(-4, 0, 1/9, 1/9)$；

步骤 3　对 $x_j^+\in S^+$ 计算 (x_j^+, a^-)；

$$((2,1,0,0),a)=1/3, ((2,0,1,0),a^-)=0, ((2,3,0,0),a^-)=1, ((2,1,1,0),a^-)$$
$$=1/3, ((3,0,0,1),a^-)=1/3, ((3,0,0,1),a^-)=0, ((2,0,0,1),a^-)$$
$$=0, ((2,0,0,0),a^-)=0$$

存在多个点小于 1。

对 $x_j^-\in S^-$ 计算 (x_j^-, a^+)：

$((0,1,0,1),a^+)=0.1111, ((2,0,1,0),a^+)=-8.1111, ((0,2,1,1),a^+)=0.2222$
$((0,0,2,2),a^+)=0.4444, ((0,2,1,3),a^+)=0.4444, ((0,0,3,2),a^+)=0.5556,$
$((1,2,0,0),a^+)=-4, ((1,3,0,0),a^+)=-4$

没有 $(x_j^-, a^+)>1$ 的情况出现；按照步骤 3 的第 (4) 条，故取 $w^*:=a^+=(-4,0,1/9, 1/9)$，转向步骤 4。

步骤 4　停机，输出最优投影方向 $w^*:=a^+=(-4,0,1/9,1/9)$。

采用这种算法进行机器学习，可以提高支持向量机的计算速度。实验时间包含提取背景基向量的时间。有人还把此算法与背景基的算法联系起来，支持向量就是正负两类训练样本点集的背景基点，支持向量机就是两类背景基点中敌对双方的前哨基点集。而背景基就是深度学习所要提取的特征向量组，这样就把支持向量机与深度学习连接在一起。

3.4.4　小结

支持向量机在机器学习领域被广泛认可，是一种功能强大的工具，也是智能孵化的多面手，本节用因素空间对支持向量机又进行了新的提升，加速了机器学习的速度，压缩了大量不必要的数据，平息了大数据浪潮对人工智能计算时间所带来的冲击，打开了支持向量机与深度学习之间的通道，把黑箱操作变为可理解的过程。

需要说明的是，要用小数据来解决大数据问题，上面的论述还只是一种理想化。实际大数据问题是非常复杂的，通常数据的分布极其不规则，也很难是线性可分的状态，今后还需要运用核函数的理论针对月牙形数据、套环型数据等常见的分类测试基准数据来验证和修正新的理论。

3.5　因素空间是智能孵化的数学工具

第 1 章所介绍的机制主义智能生成机制是一个普适的进展，它能够在各行各业中一一落实，这种落实过程称为智能孵化。因素空间能够为智能孵化的全民工程提供全面的数学工具，这集中体现在两个方面：一方面是将 3.4 节所述的智能描述的新旧算法用于一个战术性的感知、认知、决策固定场景，由于因素神经网络是以因素为节点的神经网络，这一运用也可以接纳和运作所有神经网络所提供的智能算法；另一方面是将应用扩展到战役性的实变系统。

3.5.1　感知过程描述

为了简单，只介绍感知过程。

智能的生成机制强调目的、形式和效用这三个普适因素。因素是"注意"二字的数学符号，它把事物映射到所注意到的信息上，既注意客体的形式信息（形态，属性）、客体的效用，也注意自己和他人的目的和欲望。由此可将因素分为三大类：目标因素 o、形式因素 x 和效用因素 y。形式因素提取事物的形式信息 X，效用因素根据目标的需求提取事物的效用信息 Z。由这两个因素的结合，可以获得语义信息 Y：

$$Y = \lambda(X, Z) \tag{3.14}$$

这就是钟义信教授的全信息定律。这个定律把范式革命的信息理论与 Shannon 信息论区别开来，Shannon 信息论中的信息只看形式没有语义，是片面的信息。语义信息必须是形式信息与效用信息的有机结合，三者的融合称为全信息。提出全信息的意思不是要求罗列全部信息，那是罗列不尽的。因素空间理论不怕涉猎的因素太少而是忌讳罗列的因素太多，时时刻刻都要删除无关或可以忽略的因素，筛选出为数不多的主要因素，但再少也必须坚持全信息，形式信息与效用信息二者缺一不可。

为了构造感知智能算法，先介绍一个 Sub[形式因素的效用度]子算法。

算法 3.11　Sub[形式因素的效用度]子算法

输入：带频数的因果表 ψ 中 f_j 和 g 两列。

输出：W_j。

步骤　$f := f_j$；$I(f) := I(f_j) = \{a_1, \cdots, a_K\}$；$I(g) = \{b_1, \cdots, b_L\}$。

$$W := \max_{1 \leqslant k \leqslant K, 1 \leqslant l \leqslant L} |P(g = b_l | f = a_k) - P(g = b_l)|; \quad W_j := W$$

式中，$P(g = b_l | f = a_k)$ 表示 $g = b_l$ 在 $f = a_k$ 下的条件概率。

算法 3.12　感知智能算法

Alg[感知智能]$(\psi) \rightarrow \{\alpha_1, \alpha_2, \cdots\}$（概念集 Δ）

输入：因果表 ψ；概念集 $\Delta :=$ 空。

输出：概念集。

步骤 1　调用因果归纳树算法。

Alg[因果归纳树]$(\psi) \rightarrow Tr$；（将该算法中所用的钻入决定度改用效用度）

将所有规则编号放入规则集 $\Sigma := \{a_k \rightarrow b_k\}$ $(k = 1, 2, \cdots, K)$。

步骤 2　把规则换成概念。

在因果归纳中，条件因素就是形式因素，结果因素就是效用因素，故每条规则都是形式与效用的匹配，就是机制主义的全信息，即概念的内涵。我们的任务，就是要把规则换成概念。

以 j 表示所归纳规则的足码，在规则集 Σ 中遍历：

$$\underline{\alpha_k} := a_k b_k; \quad [\alpha_k] := [a_k]; \quad \alpha_k := (\underline{\alpha_k}, [\alpha_k])$$
$$\Delta := \Delta + \{\alpha_k\}; \quad \Sigma := \Sigma - \{a_k \rightarrow b_k\}$$

步骤 3　概念命名（交由专家处理）。

例 3.7　设消防火警具有形式和目标因素如下：

$$I(f_{(1)} = 现场温度) = \{高, 低\};$$
$$I(f_{(2)} = 湿度) = \{干, 湿\};$$
$$I(f_{(3)} = 电路) = \{通路, 短路\};$$
$$I(f_{(4)} = 气味) = \{焦味, 常味\};$$
$$I(f_{(5)} = 警场美感) = \{美, 丑\}。$$
$$I(g = 火情) = \{安全, 有警\}。$$

并有带频率的因果表(转置): 下边记下出现该匹配的频率。试求形式因素的效用度 W_j。具体信息如表 3.1 所示。

表 3.1　火警因果匹配频率表(转置)

因素	信息域取值									
$f_{(1)}$	高	高	低	高	低	高	低	高	高	低
$f_{(2)}$	干	湿	干	湿	干	湿	干	干	湿	干
$f_{(3)}$	短	短	短	通	通	通	通	短	短	短
$f_{(4)}$	常	常	常	焦	焦	常	常	焦	焦	焦
$f_{(5)}$	美	丑	丑	美	美	丑	美	丑	丑	美
g	警	安	安	安	安	安	安	警	警	警
频率	0.1	0.05	0.15	0.15	0.05	0.05	0.1	0.15	0.1	0.1

注: 短表示短路; 通表示通路; 常表示常味; 焦表示焦味; 警表示有警; 安表示安全。

计算结果如下。

将频率转化为概率:

$$p(高警) = 0.35, \quad p(高安) = 0.25, \quad p(低警) = 0.1, \quad p(低安) = 0.3$$

边缘分布:

$$p(高) = p(高警) + p(高安) = 0.6, \quad p(低) = p(低警) + p(低安) = 0.4$$

条件分布:

$$p(警|高) = p(高警)/p(高) \approx 0.58, \quad p(安|高) = p(高安)/p(高) \approx 0.42$$
$$p(警|低) = p(低警)/p(低) = 0.25, \quad p(安|低) = p(低安)/p(低) = 0.75$$

g 自有的概率分布是

$$p(警) = 0.1 + 0.15 + 0.1 + 0.1 = 0.45, \quad p(安) = 0.55$$

调用智能子算法 Sub[形式因素的效用度]$(f_{(1)}, g)$:

输入信息如表 3.2 所示。

表 3.2　火警因果匹配频率信息输入表

因素	信息域取值									
$f_{(1)}$	高	高	低	高	低	高	低	高	高	低
g	警	安	安	安	安	安	安	警	警	警
频率	0.1	0.05	0.15	0.15	0.05	0.05	0.1	0.15	0.1	0.1

输出：

$$W_1 = \max\left\{|p(警|高)-p(警)|,|p(警|低)-p(警)|,|p(安|高)-p(安)|,|p(安|低)-p(安)|\right\}$$
$$= \max\left\{|0.58-0.45|,|0.25-0.45|,|0.42-0.55|,|0.75-0.55|\right\}$$
$$= \max\left\{0.13,\ 0.20,\ 0.13,\ 0.20\right\} = 0.2$$

类似地有输出：

$$W_2 = 0.16，\ W_3 = 0.45，\ W_4 = 0.23，\ W_5 = 0.05$$

匹配亲疏序列：

$$W_3 > W_4 > W_1 > W_2 > W_5$$

第 5 个形式因素"警场美感"是故意设置的，意在将它删除。设定门槛 $\delta^* = 0.1$，因 $W_5 = 0.05 < 0.1$，便可将"警场美感"作为对灾情没有影响的形式因素删去。

下面采用感知智能算法。

步骤 1　先用效用度子算法取代钻入决定度子算法，再调用因果归纳树算法得到规则集如下。

规则 1：电路通→系统安全 (0.35)

规则 2：短路且有焦味→报警 (0.35)

规则 3：短路且味常且湿→安全 (0.05)

规则 4：短路且味常且干且低温→安全 (0.15)

规则 5：短路且味常且干且高温→警报 (0.1)

步骤 2　将规则变为全信息概念：

通→安	（规则 1）	~~短&焦&湿&高→警~~	（规则 2）
~~通&常&干&低→安~~	（规则 1）	~~短&焦&干&低→警~~	（规则 2）
~~通&焦&湿&高→安~~	（规则 1）	短&常&湿→安	（规则 3）
~~通&焦&干&低→安~~	（规则 1）	短&常&干&低→安	（规则 4）
短&焦→警	（规则 2）	短&常&干&高→警	（规则 5）

其中被删掉的规则是执行程序的结果。最后剩下的 5 行就是 5 个火警的原子概

念(只写内涵):

$$a_1 = (通 \to 安), \quad a_2 = (短\&焦 \to 警), \quad a_3 = (短\&常\&湿 \to 安)$$
$$a_4 = (短\&常\&干\&低 \to 安), \quad a_5 = (短\&常\&干\&高 \to 警)$$

步骤 3　命名。

专家命名时可参考:①根据表进行因素编码,因素是码字,相值改为 1、0,就是码子;②按照安警的程度分级取名。

3.5.2　智能孵化工程

3.5.1 节是一种示例。把一朵蓓蕾打开,出现一个因素空间,就能够应用已知的新旧智能算法为智能孵化进行一个战术性的出击。要把这种应用扩展到因素空间藤上,就能够实现一个战役性的实变系统。

每一个知识领域,不论大小,都是一个复杂的概念系统。为了避免概念之间出现矛盾和冲突,关键是必须有清晰的因素谱系。就像图书馆可以有多个目录方便读者查询一样,一个概念可以有多个编码,但一个编码必须指定唯一的概念。因素谱系是一张联络图,在大的战役中,凭借这张图,就可以根据战场势态的变化,来回跨层次地点击蓓蕾,变幻莫测,威力强大。

我们的孵化工程要把数据库建立在最前线最基层,反对不法的网络数据资本对数据的垄断,他们对数据囤积居奇,重复制造,无成本地倒卖,制造数据只生不灭论。我们是数据的有生有灭论者,这是万物演化的天理。塑料只生不灭危害地球,数据只生不灭将给人类文明带来危害。

我们是数据的节约论者,反对不法的网络数据资本严重浪费电力和人力,对环境造成潜在的严重威胁。

大数据本是因素空间理论的福音,因为因素空间特别倚重因素的背景分布,数据样本太小,所得到的背景分布便不可靠,只有大数据才能提供可靠的母体分布;但是,一旦掌握了背景分布,我们就要提取背景基,删除其余所有的内点,它们都可由背景基生成。因素空间始终在网上沉着地实时吞吐一个不大的数据集,不需要占用巨大的建筑面积。

按照中华文化的新范式,智能孵化工程以思维驱动数据,搞算法,重理解。这就超越了老范式下以数据掩埋思维、笨计算、废理解的现状。

机制主义人工智能不是空洞的理论,智能的生成机制具有普适性和实践性,智能生成机制在各行各业可以开展全民性的智能孵化工程,因以中华文化为哲学思想引领,称为洛神工程,它要构建全民的智能拓展库(汪培庄等,1982),其意义是不可限量的。

第4章 总结、简评与展望

4.1 基本原理总结

有关工具研究发展的自然科学技术(以下简称为自然科学技术)发展的三个根本规律是：为"**辅人**"的需求而生，依"**拟人**"的路径而长，按"**共生**"的定位而用。人工智能科学技术也完全遵循这三大规律。拟人，就是利用外部世界的资源扩展人类自身的能力。人类需要扩展的能力包括体质能力、体力能力和智力能力。其中，**人类智力**能力由**人类智慧**和**人类智能**的相互作用而相辅相成。人类智慧是人类固有的能力，只有人类智能才是可以借助科学技术来扩展的能力。按照上述三种能力的复杂程度和抽象程度，体质能力的扩展必须在先，体力能力的扩展适时跟进，智力能力的扩展最后完善。这是**人类能力扩展的"时序律"**。科技拟人，必须遵循正确的学科范式，即正确认识学科对象学术本质(是什么)的**科学观**以及依据科学观来指导学科拟人研究(怎么做)的**方法论**。不同的**学科**，对象的学术本质不同，科技拟人应当遵循的范式也不同。

按照学科对象的学术本质，迄今的自然科学技术产生了两大学科，即**物质学科**和**信息学科**。材料，是物质资源加工的产物；能量，是物质做功的本领。因此，材料科技和能量科技都属于"物质学科"。信息，是事物(包括物质和精神)所呈现的状态及其变化方式；**智能，是主体利用信息(包括主体预设的目标信息以及环境输入的客体信息)和知识(信息加工的产物)来解决问题的能力**。因此，信息科技和智能科技都属于"信息学科"。

受到"意识滞后于存在"法则的制约，物质学科经历了很长时期才形成自己的学科范式。它的科学观是机械唯物的"物质观"，认为物质学科唯一的研究对象是遵循确定性演化规律运动的"物质客体"，必须排除一切主观因素；研究的目的是阐明物质的结构与功能；与此相应，它的方法论是机械还原方法论，包括分而治之和单纯形式化方法。同样受到"意识滞后于存在"法则的制约，20世纪中叶兴起的新兴学科——信息学科，则至今未在世界学术共同体内形成学科范式的共识。然而，在学科的研究活动中，范式在任何时候都不可能缺位。于是，**信息学科的研究一直就借用着业已成熟的物质学科范式，造成了人工智能范式的失配(张冠李戴)**。

　　根据"拟人律"和人类能力扩展的"时序律",自然科学技术首先通过"材料科技"辅助人类体质能力的扩展,开启了人类社会的农牧时代;进而通过"能量科技"辅助人类体力能力的扩展,开拓了人类社会的工业时代;20 世纪中叶以来,自然科学技术则开始通过"信息科技"辅助人类信息能力的扩展,开创了人类社会的信息时代。然而,**"信息科技"向着高级篇章"智能科技"迈进、试图以"智能科技"辅助人类智能能力扩展的时候却因为"范式失配"(研究的对象是人工智能,研究的指导思想却是物质学科范式)而产生了问题:**物质学科范式要求人工智能的研究在科学观上排除人类的主观因素,因而**从源头上堵塞了生成智能的可能性**;在方法论上遵循"分而治之"方法,因而使人工智能的整体遭到肢解,**无法建立通用的理论**;在方法论方面还要遵循"单纯形式化"方法,因而使信息、知识和智能的内涵遭到阉割,**无法实现理解和基于理解的智能**。因此,人工智能的研究一直处于低水平的发展阶段,难以满足人类社会发展的需求。

　　本书第 1 章总结了**上述历史渊源和新兴学科发展的普适规律**,并按照这一规律总结和提炼了**以"整体观(主体与客体对立统一)"为特征的信息学科范式科学观和以"辩证论(信息生态演化)"为特征的信息学科范式方法论**。信息学科范式的科学观认为,信息学科的研究对象是"在人类主体主导下、在环境客体约束下,主客相互作用所产生的信息生态过程",因此,应当以对立统一的观念研究相关的主体、客体及其相互关系。人工智能研究的目的是"实现主体与客体的合作双赢"。因此,它的方法论必须满足信息生态演化的要求:信息内涵的完备性、信息生态过程的完整性和生态过程全局的优化性。这是一个全新的成果。当然,任何信息生态演化过程都离不开物质和能量的支持;而物质和能量的研究需要遵循物质学科的范式。在这里,**物质的承载和能量的驱动必须支持和服从信息生态演化过程的需要。因此,信息学科范式与物质学科范式两者必须按照这一立场以"对立统一"的关系共存于整个人工智能系统之中。**两种范式之间的这种关系,是具有划时代意义的科学研究新成果。

　　在此基础上,第 1 章还根据信息学科范式的**科学观,构筑了**以"主体客体相互作用生成的信息生态演化过程"为标志的**人工智能全局模型**;遵循信息学科范式的**方法论,揭示了**基于"以信息转换与智能创生定律为标志的普适性智能生成机制"的**人工智能统一研究路径**,进而阐明了"语法信息-语用信息-语义信息"三位一体的**感知与注意原理**、能够支持理解的**综合记忆原理**、"灌输-统计-理解"双向互促的**认知原理**、基于理解演绎的**谋行原理**,以及具有自学习能力的**执行与全局优化原理**，形成了**机制主义通用人工智能理论**（*m*-GTAI）。它保障了人工智能理论的**通用性**和**基于理解的智能**，全面消除了现有人工智能理论"不能通用，不能理解，无法实现基于理解的智能"这些痼疾顽症。与传统学科范式束缚下的现有人工智能理论相比，***m*-GTAI 是信息学科范式引领的全新一代的人工智能理论**。

作为科学理论，***m*-GTAI** 必然要实现定量化和数学化。所以，如何描述一个问题的复杂程度（不确定性程度，知识的粒度）？如何描述一个系统解决问题的能力大小？如何描述系统利用智能解决某个问题的贡献大小？如何描述系统利用智能解决某个问题的速度快慢？这些都是智能科学必须回答的关键问题，**需要逻辑学和数学提供定量化的描述方法。泛逻辑学为智能科学提供统一的逻辑基础，泛逻辑需要因素空间理论的数学支撑。**

本书第2章从认识主体及其面对客体（生存环境）的本质属性入手，回答"智能的逻辑基础是什么"。从最基本的逻辑分类体系看，按研究对象的不同，逻辑学可分为形式逻辑和辩证逻辑两大类：**形式逻辑**只管命题形式而不管内容，研究对象是全面受"非此即彼性"约束的确定性问题，具有明显的排他性；**辩证逻辑**同时管命题形式、内容及相互关系，研究对象是具有某些"亦此亦彼性"甚至"非此非彼性"的不确定性问题，具有包容性。两类逻辑的原始形态都用自然语言描述，若用数学语言描述，就是**数理形式逻辑**和**数理辩证逻辑**。人工智能的早期研究已充分证明数理形式逻辑存在应用局限性，它只能描述理想化的确定性问题，智能科学研究需要面对现实世界中的各种不确定性问题，迫切需要数理辩证逻辑的支撑，刻不容缓。

泛逻辑是研究逻辑学一般规律的学问；泛逻辑是逻辑生成器，它能根据应用需求生成各种不同的逻辑。知识和逻辑是智能决策的必要依据，人类不能根据黑箱的结果进行重大决策。**泛逻辑的扩张过程中**柔性神经元的逻辑属性一直存在，柔性神经网络的可解释性清楚明了，由此找回了**神经网络可解释性**。泛逻辑中用于判断命题真度的概念粒度（概念包含的不确定性有多少）可通过归纳抽象不断增大，**这需要因素空间理论的数学支撑。**

本书第3章把因素空间理论作为实现通用人工智能系统模型的重要数学工具，根据具体的场景、上下文和目的来区分对象、自动生成概念、进行因果归纳等，从而最终实现本书所述的机制主义通用人工智能系统。

因素空间是智能研究范式革命的数学产物。作为智能理论基础的数学理论也需要实施范式的变革。"数"与"形"是数学中最早的两个元词，由它们分别长出代数与几何。工业革命在两个元词前面都加上一个变字，得到"变数"和"变形"，再经笛卡儿坐标的结合就出现了微积分。信息革命需要数学再增加新的元词。因素是认识主体观察客体的视角，是目的性下注意的焦点，是信息科学所特有的元词，是广义的基因。因素空间是以因素为轴的广义的笛卡儿空间，是事物与思维描述的普适性框架。

因素空间的科学观体现具有中华文明的特色。机械唯物论只看重物质客体，中华文明整体观关注人类主体与物质客体以及它们之间的相互作用，把人放在天地之间，从整体上来观察人体的阴阳平衡。"阴阳"就是观察万物至上的"元"因素，"阴阳平衡"乃是判据。因素可以自上而下地逐步细化而形成因素谱系，对知识本体进行整体描述。**因素空间的方法论体现了中华文明的特色**。机械唯物论不讲辩证法，中华文化讲究辩证法。阴阳二字落实到一个具体事物上，究竟是阴虚阳实还是阴实阳虚，是相对的、辩证的，要根据具体场景、上下文和目的来确定，这是泛逻辑的特色，而它正需要用因素空间来衬托。**因素空间是一个统一的平台，它能把数学中各种各样的智能算法都用统一的语言描述出来**，且能讲得更清楚，算得更简洁。它还能突破现有智能算法，提出**因素谱系和概念编码**。用因素进行概念编码可以为自然语言理解打开新的通道，**因素空间为智能化和数字化提供标准化的依据**。如果说现有算法可以用于战术性的固定场景，因素谱系则是复杂环境下战役性指挥的联络图。随着形势的变化，指挥员可以上下跨层次地点开蓓蕾，转换平台，变幻莫测。

《智能是什么》一书通过"智能生成机制、泛逻辑理论、因素空间理论"三位一体的探索，阐明了"人工智能范式革命"的必要性、必然性、内涵和方法步骤。从智能研究的范式革命出发，通过对"智能是什么"的研究及当前相关理论面临的困局，提出了 m-GTAI，并在泛逻辑学的思维方式下，运用因素空间作为数学工具，构建并实现了统一的、结构性的通用人工智能系统模型，以作为未来人工智能理论研究和应用发展的指导。

4.2　对当前人工智能研究的简评

为更生动具体地总结本书的内容，本节将结合当前人工智能领域热议的话题表现本书对当前人工智能应用的改进作用。

首先以人工智能当下正热的应用 ChatGPT 为例，它是由 OpenAI 公司研发的聊天机器人程序，可以根据语料库、上下文学习人类提出的问题并给出回答。它的智能是利用人类给定的工作框架，去解决已知问题的能力，它的智能是人工赋予计算机那些有规律、规则可循的部分。然而，由于它遵循了"单纯形式化"的方法论，丢弃了语言的内涵（语义），因此依然属于"空心化智能"，缺乏理解能力，更没有创造能力。正如第 2 章所示，它无法回答"小秤称象"的问题，因为 ChatGPT 是表层智能，属于形式逻辑的思维范畴；若从辩证逻辑的思维范畴出发，不断转换问题的主要矛盾来实现问题求解，才是深层智能，这种深层智能可以通过本书第 3 章的因素空间的实践设想——洛神天库予以实现。人脑不是被动的知识存储与查询库，而是主动生智的实践库。关系数据库是知识存储与查询库，数据挖掘算法使它具有一定的智能，但是还没有达到主动生智的层次，知识图谱的进展也离此目标很远。洛神天库是关系数据库和知识图谱的升级版，其是具有全信息的语义，以因素为牵引，以泛逻辑为基础的实时应用和成长的生态系统。它和 *m*-GTAI 相对应，一虚一实，辩证结合，形成超越当前人工智能的深层智能。

　　其次从人工智能应用的支持条件——数据与算力讨论。当前人工智能应用呈现的发展方向是大数据小任务，这是因为它遵循了"单纯形式化"的方法论，丢弃了语义，无法实现语义理解，就借助了统计理解方法，而统计必须要求满足遍历性，这就注定了需要大样本。而且，统计的理解不等于语义的理解，所以，它必然会经常出错。再者，大样本和大算力要求大能耗和大物耗，不符合可持续发展的理念。正确的方向应是大任务小数据，使全社会的数据和算力资源向智力资源高效转化。本书提出的理论及实践设想是数据有生有灭论者。数据是手段，不是目的。当已经掌握数据所携带的知识和规律以后，数据就完成了它的历史使命，除了保留信息压缩后的必要数据之外，其他数据就可以消除。按照因素空间背景基的理论，所有内点数据一律清除（在必要的时候还可以复原）。面对大数据的浪潮，通过背景基作过滤器，始终在网上沉着吞吐一个不大的数据集，用最少的重复、最小的云盘、最少的计算时间和最少的电能耗费，办理最多最好的事情。

　　对算力平台进一步分析，其主要由整机、芯片、操作系统、应用软件四个部分组成。根据史料记载，当前普遍使用的"二进制"计算机的诞生，是数学家莱布尼茨受到中华文化《易经》中伏羲氏先天八卦图的启发，进而完善并发表了大名鼎鼎的"二进制"论文。本书同样借鉴阴阳的概念，进一步认为在现实世界中，不仅存在可用刚性集合和刚性逻辑描述的真/假分明体，且存在更多的是真/假共存的对立统一体，它们一般都具有"亦此亦彼性"，需要用柔性集合和柔性逻辑来刻画，这与多进制计算机的理念不谋而合。*m*-GTAI 的发展与应用在将来可否支持从"二进制"计算机到"多进制"计算机的实现，亦是未来可期。

4.3　展　　望

　　展望未来，人类在成长，科技在发展，时代在前进。从物质学科时代走向信息学科时代，这是人类成长和科技发展不可改变也不可阻挡的大趋势。从物质学科范式主导的当今科学时代进入信息学科范式主导的科学新时代，必然要经历一场学科范式的更替。按照科恩在《科学革命的结构》一书所阐明的认识，学科范式的更替所引发的就是一场名副其实的"科学革命"。显然，这场以"人工智能学科范式更替"为标志的科学革命，将成为 21 世纪科学发展的主旋律。因此，人工智能的范式转换不仅仅是人工智能科学理论的革命，也必然是 21 世纪这场意义重大而且影响深远的"科学革命"的先声和号角。

　　本书提出的由信息学科范式引领的全新一代人工智能理论 m-GTAI 具有普适性和实践性，它广泛适用于人类社会活动的方方面面，如战争、商业、医疗、科研、生态等，具体到不同学科和各行各业的研究对象，会特化为不同的指导，形成智能孵化。人类智能活动的平台是人的神经网络，特别是大脑皮层的高度发达，人的一切智能活动都在这个舞台上进行。那么，人类社会智能化的舞台是什么样的？我们的设想是把全球物联网的概念扩张为全球智能网。智能网的每一个终端节点都连接一个人或物。各种知识和各种智能信息处理能力都分层、分块、分专业地存储在网络的各个中间节点上。每一个节点都是按照机制主义的通用人工智能理论 m-GTAI 来构造，按照全信息理论来建立知识库，按照因素空间理论来实现各个层次的信息转换，按照泛逻辑来描述各个层次的逻辑规则和转换关系，而且是定性和定量相结合的描述。只要建立好统一规范的人工智能系统孵化平台，就可让各行各业全民参与共建全球智能网的各个节点，共建共享全球智能网，分布式管理全球智能网。

　　作者希望本书的论述将引起学者同仁的广泛关注，包括质疑、批评和争论，以此促进当代科学技术的发展。

参 考 文 献

蔡文. 1987. 物元分析[M]. 广州: 广东高等教育出版社.

何华灿. 1988. 人工智能导论[M]. 西安: 西北工业大学出版社.

何华灿. 2018. 泛逻辑学理论: 机制主义人工智能理论的逻辑基础[J]. 智能系统学报, 13(1):
19-36.

何华灿, 王华, 刘永怀, 等. 2001. 泛逻辑学原理[M]. 北京: 科学出版社.

何华灿, 张金成, 周延泉. 2021. 命题级泛逻辑与柔性神经元[M]. 北京: 北京邮电大学出版社.

何华灿, 马盈仓, 何智涛, 等. 2023. 泛逻辑理论: 统一智能理论的逻辑基础[M]. 北京: 科学出
版社.

普里戈金. 1998. 确定性的终结: 时间、混沌与新自然法则[M]. 湛敏, 译. 上海: 上海科技教育
出版社.

汪培庄. 2018. 因素空间理论: 机制主义人工智能理论的数学基础[J]. 智能系统学报, 13(1):
37-54.

汪培庄, Sugeno M. 1982. 因素场与模糊集的背景结构[J]. 模糊数学, (2): 45-54.

汪培庄, 刘海涛. 2021. 因素空间与人工智能[M]. 北京: 北京邮电大学出版社.

汪培庄, 曾繁慧. 2023. 因素空间理论: 统一智能理论的数学基础[M]. 北京: 科学出版社.

汪培庄, 曾繁慧, 孙慧, 等. 2021. 知识图谱的拓展及其智能拓展库[J]. 广东工业大学学报,
38(4): 9-16.

杨春燕, 蔡文. 2014. 可拓学[M]. 北京: 科学出版社.

钟义信. 2013. 信息科学原理[M]. 5 版. 北京: 北京邮电大学出版社.

钟义信. 2014. 高等人工智能原理: 观念·方法·模型·理论[M]. 北京: 科学出版社.

钟义信. 2018. 机制主义人工智能理论: 一种通用的人工智能理论[J]. 智能系统学报, 13(1):
2-18.

钟义信. 2020. "范式变革"引领与"信息转换"担纲: 机制主义通用人工智能的理论精髓[J]. 智
能系统学报, 15(3): 615-622.

钟义信. 2021. 范式革命: 人工智能基础理论源头创新的必由之路[J]. 人民日报月刊: 学术前沿,
12 月(上): 22-40.

钟义信. 2023. 统一智能理论[M]. 北京: 科学出版社.

曾繁慧, 王莹, 汪培庄, 等. 2024. 基于因素空间理论的扫类连环多分类算法[J]. 辽宁工程技术
大学学报(自然科学版), 43(1): 111-118.

Kuhn T S. 1962. The Structure of Scientific Revolutions[M]. Chicago: The University of Chicago
Press.

Pawlak Z. 1991. Rough Sets: Theoretical Aspects about Reasoning of Data[M]. Boston: Kluwer

Academic Publishers.

Pearl J, Mackenzie D. 2018. The Book of Why: The New Science of Cause and Effect[M]. New York: Basic Books.

Shi Y, Tian Y J, Kou G, et al. 2011. Optimization Based Data Mining: Theory and Applications[M]. London: Springer.

Shi Y. 2022. Advances in Big Data Analytics: Theory, Algorithms and Practices[M]. Singapore: Springer.

Thurstone L L. 1931. Multiple factor analysis[J]. Psychological Review, 38(5): 406-427.

Wille R. 1982. Restructuring lattice theory: An approach based on hierarchies of concepts[C]. Proceedings of the NATO Advanced Study Institute, Banff: 445-470.